가로세로 낱말

수학
용어
퍼즐

가로세로 낱말

수학 용어 퍼즐

ⓒ 지브레인 과학기획팀, 박구연, 2018

초판 1쇄 인쇄일 2018년 9월 20일
초판 1쇄 발행일 2018년 10월 2일

기획 지브레인 과학기획팀 **지은이** 박구연
펴낸이 김지영   **펴낸곳** 지브레인^{Gbrain}
편집 김현주
마케팅 조명구   **제작·관리** 김동영

출판등록 2001년 7월 3일 제2005-000022호
주소 04021 서울시 마포구 월드컵로7길 88 2층
전화 (02)2648-7224   **팩스** (02)2654-7696

ISBN 978-89-5979-570-3 (03410)

가로세로 낱말

수학
용어
퍼즐

지브레인 과학기획팀 기획
박구연 지음

지브레인

 머리말

길을 가다가 귀여운 꼬마를 만났다. 대략 6살로 보이는 아이의 키는 어림잡아 120cm 정도 되는 것 같았다. 하지만 아이의 어머니는 아이가 5살이고 키는 112cm라고 말했다.

여기서 2가지 수학 용어를 떠올릴 수 있다. 나이는 참값이고 112cm의 키는 근삿값이다.

센서스 조사나 투표 집계에서도 표본, 신뢰구간, 추정, 통계량 등 통계 용어를 자주 들을 수 있다. 은행 이자나 공인인증서의 암호 체계에도 수학이 사용된다.

이처럼 우리는 전문적인 수학용어의 개념이나 정의는 모르지만 일상에서 수학 기호를 사용하고 쇼핑이나 외식 등 생활에 적용된 다양한 수학을 만나고 있으며 많은 부분에서 접하게 된다. "생은 일차방정식이 아니라 고차방정식이야!" 하고 푸념을 하는 사람도 방정식이란 수학용어를 자연스럽게 사용한다.

《가로세로 낱말 수학 용어 퍼즐》은 문제에 대한 수학 용어를 채워나가는 방식이다. 우리가 알고 있는 수학 개념과 정의, 다양한 쓰임과 지식을 한 번 더 확인해 보면서 퍼즐을 맞춰나가게 구성되어 있다.

매년 새로운 수학이론의 등장으로 신조어가 생기는 추세이다. 그럼에도 불구하고 인간의 역사가 시작되면서 함께 발전해온 수학 용어는 그 자체로 의미를 갖는다. 수학이 걸어온 발자취를 만나고 수학자들의 의도가 담긴 용어도 알면 알수록 재미있을 것이다. 같은 용어라 해도 물어보는 기준에 따라 다양하게 생각할 수 있을 것이며 낱말을 채워가는 재미도 늘어날 것이다.

과학과 사회, 수학이 최소공배수가 되는 용어도 있고, 연상 기법으로 풀 수 있는 용어도 있다. 정의를 정확히 모르더라도 연관된 단어로 대략 풀어볼 수도 있을 것이다. 그래서 모르는 것이 있더라도 너무 당황하지 말고 즐거운 마음으로 풀어보길 바란다.

이 책의 퍼즐 문제들을 푸는 지름길은 없다. 여러분이 학창 시절부터 지금까지 접했던 수많은 수학 용어들을 다 기억한다는 것은 무리가 있다. 답이 떠오르지 않는다면 인터넷 검색을 해서 풀어도 된다. 가장 중요한 것은 즐기면서 내가 아는 수학적 지식들을 떠올리거나 새롭게 인식하는 것이다.

이제 마음을 편안하게 하고 도전해보자.

2018. 10 박주연

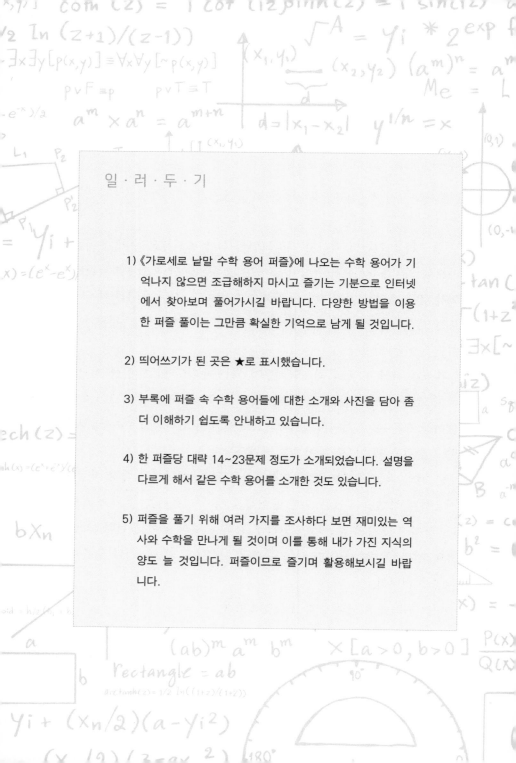

일·러·두·기

1) 《가로세로 낱말 수학 용어 퍼즐》에 나오는 수학 용어가 기억나지 않으면 조급해하지 마시고 즐기는 기분으로 인터넷에서 찾아보며 풀어가시길 바랍니다. 다양한 방법을 이용한 퍼즐 풀이는 그만큼 확실한 기억으로 남게 될 것입니다.

2) 띄어쓰기가 된 곳은 ★로 표시했습니다.

3) 부록에 퍼즐 속 수학 용어들에 대한 소개와 사진을 담아 좀 더 이해하기 쉽도록 안내하고 있습니다.

4) 한 퍼즐당 대략 14~23문제 정도가 소개되었습니다. 설명을 다르게 해서 같은 수학 용어를 소개한 것도 있습니다.

5) 퍼즐을 풀기 위해 여러 가지를 조사하다 보면 재미있는 역사와 수학을 만나게 될 것이며 이를 통해 내가 가진 지식의 양도 늘 것입니다. 퍼즐이므로 즐기며 활용해보시길 바랍니다.

CONTENTS

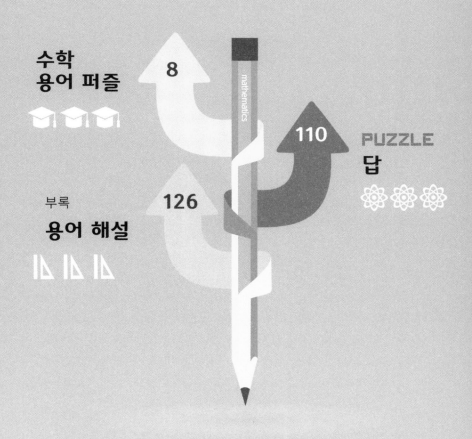

수학 용어
퍼즐

1 이차방정식의 근을 구하는 공식.

3 대푯값을 기준으로 변량들이 흩어진 정도를 나타낸 것.

5 계산의 방법과 규칙을 문자나 기호를 써서 표현한 것.

6 근삿값으로 2.718을 가지는 e를 밑으로 하는 로그.

7 원의 중심이 같으나 반지름의 길이가 다른 2개 이상의 원.

9 그래프의 x축.

11 정육면체에 1부터 6까지의 눈을 넣은 놀이도구 또는 교구.

13 3차원의 공간적 넓이를 가지는 물체가 차지하는 부분공간을 추상한 기하학적 대상.

1 $\sqrt{}$.

2 두 변수의 상관관계를 나타내는 양으로 Cov(X, Y)로 나타낸다.

4 각 계급에 속하는 자료의 개수.

6 숫자가 나타나는 위치에 따라 그 수의 값이 결정되는 수의 표현에 의한 수.

8 원의 둘레.

10 지도를 축소해 만드는 것.

12 꼭짓점 4개와 면 4개로 이루어진 입체도형.

13 컴퓨터에 데이터를 넣는 것.

1↱ 근		★	2↓ 공				
			분				
			3→		4↓		
					5→		
6↱ 자							
				7→ 동		8↓	
9→		10↓ 평				11→ 주	12↓
					13↱ 체		

3 직각삼각형에서 변의 길이에 대한 비의 값.

5 1883년 프랑스 수학자 루카스가 고안한 퍼즐. 하나의 축에 크기가 각기 다른 원반이 쌓여 있고, 제3의 축을 이용해 작은 원반 위에 큰 원반이 놓이지 않도록 하면서 한 번에 한 장씩 움직여 다른 축으로 원반을 이동시키는 규칙이 있다.

6 미지수에 숫자나 식을 넣는 것.

7 주어진 구간 내의 모든 점에 대해 확률을 가지는 분포.

9 도수 분포에서 계급의 상한과 하한의 범위.

12 통계학에서 임의로 선택할 수 있는 표본의 수.

13 항이 커짐에 따라 항의 값이 증가하는 수열.

1 n개의 표본이 있을 때, 표본의 수를 모두 곱하여 n제곱근의 형태로 계산하는 평균을 구하는 방법 중 하나.

2 삼각형의 한 꼭짓점에서 밑변에 내린 수직선의 길이.

3 방정식의 근이 3개일 때 중복된 근.

4 통계 집단의 도수분포에서 평균값에 관한 비대칭의 방향과 그 정도를 나타내는 특성값, 왜도라고도 한다.

8 등차수열에서 항들을 차례로 더하여 얻는 수열.

10 증명하고자 하는 명제를 직접 증명하지 않고, '그 명제가 거짓이라고 가정하면 모순이 생긴다'을 밝혀 처음 명제가 옳음을 증명하는 것.

11 문자만으로 이루어지는 배열.

1↓		2↓		3⌐		4↓ 비	
5→ 하		탑			6→		
				근			
7→	8↓						
9→		구	10↓ 간		11↓ 문		
					12→		
		13→		열			

답 119P

➡️ 가로 열쇠

1 명제 $p \rightarrow q$ 를 $\sim q \rightarrow \sim p$ 로 바꾼 조건문.

2 원둘레의 일정한 부분이 그 원의 두 개의 반지름과 만나서 둘러싸인 도형.

3 $\sqrt{\sqrt{}}$.

5 곡선에서 오목한 모양이 바뀌는 점.

6 두 직선이 다른 한 직선과 만나서 생긴 각 중 반대쪽에 있는 각.

10 마주 보는 각.

11 물체를 공중에 비스듬히 던져 올리면 그려지는 곡선.

13 도형의 평평한 면.

⬇️ 세로 열쇠

1 주어진 도형을 점, 선, 면에 대하여 대칭적으로 이동하는 것.

2 세 변의 길이가 모두 다른 삼각형.

4 한 번 시행하면 나오는 결과.

7 조사한 수를 막대로 나타낸 그래프.

8 일정한 범위에 흩어져 퍼져 있음.

9 원뿔의 꼭짓점과 밑면인 원 둘레의 한 점을 이은 선분.

12 물체의 잘라진 면.

13 $180°$ 를 가리키는 각.

1↱				2↱	
칭					
3→ 이	4↓		5→		점
			6→ 엇		
7↓		8↓		9↓	
10→	각	11→ 포			
			12↓		
		13↱	면		

1 순서를 바꾸어 계산해도 그 결과값이 같다는 법칙.

3 각이나 선분 같은 도형을 같은 양으로 균등하게 분할하는 것.

5 공간의 삼차원에 시간이 더해진 차원.

7 둘 이상의 양이나 문자 사이의 관계를 나타내는 식.

9 이것과 저것을 서로 맞바꿈.

11 함수의 모든 '출력' 값의 집합.

12 관계식을 $y = ax$에서 변하지 않는 일정한 값 a.

14 소계를 계속적으로 합산하는 것.

2 모양과 크기가 같은 두 도형.

3 서로 평행이 아닌 두 변의 길이가 같은 사다리꼴.

4 두 변량 x, y 사이의 관계를 알아보기 위하여 이들 x, y를 순서쌍으로 하는 점 (x, y)를 좌표평면 위에 나타낸 그림.

6 원주의 일부.

8 식에 포함된 문자에 수를 대입하여 얻은 값.

10 공변역의 줄임말.

11 어떤 항, 수식을 하나의 문자로 바꾸는 것.

13 두 변량 X, Y 사이의 상관관계의 정도를 나타내는 계수.

1→	2↓ 합			3⌐	분			
4↓ 상				5→		6↓ 원		
7→	8↓					9→		
								10↓
		★					11→	
							환	
		12→ 비		13↓				
			14→	계				

답 112P

➡ 가로 열쇠

2 입체도형을 시각적으로 파악할 수 있도록 실선과 점선으로 나타낸 그림.

5 백분율의 단위.

6 14세기 폴란드의 천문학자로 프톨레마이오스의 지구 중심설에 반박하면서 지동설을 주장했다.

8 도수 분포에서 자료가 2개 이상의 변수를 가지는 경우를 이르는 말.

9 도형을 세분하여 각 부분의 넓이나 부피를 구한 후, 이들의 합의 극한값으로 본래의 도형의 넓이 또는 부피를 구하는 방법.

11 10개의 변을 가진 평면도형.

13 셈이나 수식을 머릿속으로 계산하는 것.

14 수학적 구조를 보존하는 함수의 개념을 추상화한 것.

⬇ 세로 열쇠

1 원 또는 호를 그릴 때 쓰는 기구.

3 히스토그램에서 각 직사각형 윗변의 종점을 차례로 선분으로 연결하여 그린 다각형 모양의 그래프.

4 $1m^2$의 100배.

6 탄젠트의 역수.

7 물질이 가지고 있는 고유한 양.

9 중국에서 가장 오래되고 중요한 수학책으로 동양 수학에 많은 영향을 준 저서.

10 부정적분을 풀었을 때 생기는 임의의 상수.

12 각의 크기.

			1↓ 컴		2→		3↓		
	4↓		5→				수		
6↱ 코		르							
									7↓
						8→			량
	9↱ 구		10↓						
					11→ 십	12↓			
13→		14→	상						

3 플라톤의 제자로 삼단논법의 형식을 확립하여 형식 논리학의 기초를 세운 고대 그리스의 철학자. 수리 논리학에 지대한 영향을 주었다.

6 인도의 유명한 수학자로 1729의 택시수로 알려짐.

7 영국의 물리학, 수학, 철학자로 유명하며, 현재는 중력으로 불리는 만유인력의 법칙의 발견자.

8 무한대로 진동.

10 길이가 같은 변.

12 '나는 생각한다. 고로 나는 존재한다'라는 명언을 남긴 철학자이자 수학자.

13 모양은 같고 크기만 서로 다른 도형의 성질.

15 곱하는 수.

1 일정한 시간과 공간의 사건 발생횟수를 알 수 있는 확률분포. ○○○ 분포.

2 집합론의 창시자.

4 방향에 관계 없이 크기만을 나타내는 벡터의 용어.

5 일정한 규칙 또는 배열.

9 일상생활에 응용할 수 있는 수와 양의 간단한 성질 및 셈을 다루는 수학적 계산 방법.

10 $=$.

11 2의 거듭제곱에서 1이 모자란 수로 $2^n - 1$로 나타낸다.

14 1개의 정의역에 2개 이상의 공역이 대응하는 함수로 원의 방정식과 쌍곡선, 타원의 방정식이 대표적인 예이다.

1↓ 포		2↓					
3→				4↓			
		어		칼			
	5↓			6→			
7→ 뉴		8→	9↓ 산				
				10↱			
		11↓					
	12→		르				
			13→ 닭	14↓			
	15→						

1 $\frac{0}{0}$ 이 그 수의 예 중 하나이다. 정의할 수 없는 수가 아니라 특별한 상황에 맞는 값을 알 수 없으며 상상에 의해 임의의 수를 제시할 수 있는 수를 말한다.

3 서로 관계가 있는 둘 이상의 변수가 있을 때, 독립 변수의 영향을 받아서 변하는 변수.

5 다항식의 최고차수가 2차인 식.

6 포물선과 그 초점을 지나면서 위치도 알려주는 기준선.

7 구간의 양끝에서 하나는 닫히고 다른 하나는 열린 상태의 구간으로 반개구간이라고도 한다.

9 이집트의 신의 이름에서 나온 것으로 단위분수의 합을 1로 만드는 분수식에서 유래한 것.

11 1 이외에 공약수를 갖지 않는 둘 이상의 양의 정수. 정수의 관계.

13 소숫점 아래의 숫자가 몇 개인지 셀 수 있는 소수.

1 디오판토스의 방정식이라고도 부르며, 해가 무수히 많은 대수방정식.

2 홀수와 반대 개념인 수.

3 정규 분포의 특성을 갖는 변수의 분포 형태.

4 나이, 키, 몸무게, 기온 등 자료를 수량으로 나타낸 것.

7 구의 $\frac{1}{2}$ 인 입체도형.

8 군의 개념을 도입하여 대수방정식의 해법을 진일보시킨 프랑스의 수학자. 그의 이론에서 5차 이상의 방정식에는 근의 공식이 없음을 증명했다.

10 자, 저울, 온도계 등에 표시하여 길이, 양, 도수 등에 측정되거나 나타내는 금.

12 약수 중 소수인 약수.

	1↱					2↓ 짝			
3↱		4↓							
		모							
5→	식		★						
		6→			의	★			
7↱ 반			8↓						
		9→ 호				★	10↓		
11→		12↓							
13→		수							

답 113P

1 정다면체 중 가장 면이 많은 도형.

3 방정식의 해법, 곱셈표, 역수표, 제곱, 세
제곱표, 지수표 등을 점토판에 남겨 지
금도 고대 수학의 연구 대상이 되고 있
는 민족.

6 개수를 셀 수 있으며 나열할 수 있는
변수.

8 수행하는 연산을 표시하기 위한 기호.

10 확률에서 항상 일어나는 사건.

11 문자를 사용해 수량의 관계를 나타낸 식.

12 공배수 중에서 가장 작은 수.

1 정보처리, 부호화, 전송의 최적화 등 정
보에 대한 조건과 요인을 연구하는 응용
수학 이론.

2 메넬라우스와 함께 공선점의 정리에 유
용한 정리의 발견으로 유명해진 이탈리
아의 수학자.

4 I, II, III, IV, V, VI, VII, VIII, IX, X로 표현
되는 숫자.

5 스위스의 수학자로 복소함수론에 기여했
다. 이름을 딴 복소평면이 있다.

7 특정한 적분값이 최대 또는 최소가 되도
록 하는 함수를 찾는 문제를 다루는 수
학의 한 분야.

9 If문이라고도 하며, 이것에 따라 참과 거
짓이 결정된다.

10 일대일대응이 되면서 그 역도 성립하는
함수.

1↱			2↓			
보			3→ 바	4↓		5↓
6→	7↓					
						강
		8→	자			
				9↓		
		10↱				
				11→ 문		
12→		배				

2 수의 계승.

4 스위스의 수학자로 선형방정식에서 풀기 어려웠던 해법을 행렬을 이용하여 풀었다.

6 개별 숫자 대신에 숫자를 대표하는 일반적인 문자를 사용하여 수의 관계, 성질, 계산 법칙을 포함하여 군, 환, 체를 연구하는 학문.

8 $90°$ 보다는 크고 $180°$ 보다는 작은 각.

9 흩어져 있는 여러 점 사이를 가장 근사하게 통과하는 선.

11 한 평면에 수직으로 빛을 비추면 나타나는 그림자.

12 분모에 미지수를 포함한 분수식이 들어 있는 방정식.

15 어떤 수의 제곱이 되는 수.

1 나눗셈에서 피젯수를 젯수로 나누었을 경우, 나누어떨어지지 않고 남은 수.

3 유체역학으로 유명한 수학자이자, 과학자로 수은주 실험에 의한 업적을 남김.

5 어떤 관계나 범위 안에서 여러 가지 값으로 변할 수 있는 수. x, y가 많이 쓰임.

6 합동 또는 닮은 도형에서 서로 대응하는 각.

7 미지수가 두 개인 방정식.

10 A의 부정(A는 아니다)을 가정하면 모순이 이끌려지는 것을 나타내어 간접적으로 A를 증명하는 방법.

13 행의 개수와 열의 개수가 같은 행렬.

14 참과 거짓을 명확하게 판별할 수 있는 문장이나 식.

	1↓	2→	3↓				
4→ 크							5↓
					6↱	수	
		리					
7↓				8→			
	9→ 회	10↓					
11→ 정			12→ 분		13↓		
	14↓						
	15→ 제						

1 시계열 데이터에 바탕을 둔 분석방법.

4 1부터 9까지의 두 수를 곱한 9×9 곱셈표.

6 지표면 위의 한 점에 세운 법선이 적도면과 이루는 각.

7 로그함수의 역함수는 ○○함수이다.

8 1개의 열로만 이루어진 행렬.

10 사인 함수 또는 코사인 함수에서 2π처럼 계속 반복되는 마디.

12 x, y가 $y = \dfrac{a}{x}$의 관계이면 서로 ○○○ 관계이다.

13 2쌍 이상의 수의 비가 서로 같을 때, 비례식의 전항들의 합과 후항들의 합은 그 비가 같다는 정리.

14 다각형의 이웃한 두 변이 안쪽에 만드는 각.

15 두 직선 사이에 끼어 있는 각.

17 분수에서 가로선 아래쪽에 있는 수.

2 계차들로 이루어진 수열.

3 통계에서 흩어진 정도를 계산하는 지표로, V로 나타낸다.

4 수직선 위에서 두 실수 사이에 있는 모든 실수의 집합.

5 길이, 무게, 시간 등의 수량을 수치로 나타내는 기준.

9 원의 둘레.

11 평균은 산술평균, 조화평균 ○○○○으로 주로 구한다.

12 삼각함수에서, 어떤 각의 $\dfrac{1}{2}$의 삼각함수를 그 각의 삼각함수로 나타내는 공식.

13 명제에서 어떤 조건이나 전제를 증명하기에 앞서 선결짓는 것.

16 각을 두 개의 동일한 각으로 나눌 때 하게 되는 작도.

1→ 시	2↓		3↓		4⌐		5↓		
							6→ 위		
7→									
	8→ 열			9↓					
				10→ 주	11↓			12⌐	
13⌐		의	★				14→ 내		
								★	
	15→		16↓ 각						
			★						
		17→	모						

1 왼쪽 위에서 오른쪽 아래에 이르는 대각선 위의 원소가 모두 1이고, 그 밖의 원소는 모두 0인 정방행렬.

4 두 자연수가 자신을 제외한 모든 약수의 합이 서로 다른 한 수와 같은 수.

5 볼록다각형이 정다각형이 되기 위해서는 내접원과 외접원이 ○○○이어야 한다.

7 '어떤 수를 넘는다'라는 의미를 가진 수학 용어. > 로 나타냄.

9 항이 끝없이 계속되는 수열.

10 복소수 $x+iy$에 있어서 실수 x가 0인 것.

12 사다리꼴의 아래에 있는 변.

14 절단 개념을 도입해 실수 체계를 증명했던 독일의 수학자. 저서로는 《연속과 무리수》가 우명하다.

2 도형을 다른 위치로 옮기는 것.

3 몇 개의 항으로 묶은 수열이 또 다른 수열이 된다면 이 수열은 ○○○이다.

6 모든 원소를 { } 안에 나열하여 집합을 표시하는 방법.

8 '자신을 제외한 약수의 합 > 자신의 수'가 성립하는 자연수.

11 직각삼각형의 가장 긴 변.

12 지렛대의 원리로 유명하며, 유레카로도 널리 알려진 수학자이자 과학자.

13 근과 계수의 관계로 유명하며 최초로 대수 기호법을 사용한 수학자. 저서로는 《해석학입문》이 있다.

¹→ 단	²↓					³↓ 군
			⁴→			
⁵→ 동		⁶↓				
				⁷→ 초	⁸↓	
⁹→			¹⁰→			
		법			¹¹↓	
		¹²⌐	랫			
				¹³↓		
		¹⁴→ 데				

1 실수 $\vec{k}$와 벡터 $\vec{a}$의 곱 $k\vec{a}$는 $\vec{a}$의 ○○○이다.

5 4개의 내각의 크기가 모두 직각인 사각형.

6 서양 과학의 근본이 정밀한 수학과 정교한 관측에 근거하고 있음을 간파하고 수학저서 《주해수용》을 저술한 학자.

7 전체에 대한 각 항목의 크기를 비율로 나타낸 그래프.

9 2개 이상의 분수를 통분하였을 때의 분모.

11 수열의 일반항을 1개 이상의 앞선 항들을 이용하여 나타낸 식.

12 치역의 원소에 대응하는 정의역의 원소가 하나인 함수.

13 미지수의 개수를 제거하면서 풀어나가는 방정식의 풀이 방법.

15 함수 $f(x)$의 변수 $x=a$의 값이 정의되지 않거나, 한계값이 존재하지 않거나, 정의된 변수값에서 한계값이 존재하지 않는 경우를 이르는 말.

17 집합 A가 B의 부분집합이지만 서로 같지 않으면서 $A \subset B$, $A \neq B$인 관계인 집합.

2 주어진 각의 삼각함수와 그 2배각의 삼각함수의 관계를 나타낸 공식.

3 한 선분의 중점을 지나면서 그 직선에 수직인 상태.

4 10을 밑으로 하는 로그.

8 《알마게스트》라는 저서로 르네상스 이전의 과학과 수학을 주도했던 수학자이자 과학자.

10 통계적인 관측의 대상이 되는 집합.

14 속력×시간=?.

15 방정식에서 해를 구할 수 없는 경우를 이르는 말.

16 속으로 하는 계산.

18 해가 무수히 많은 방정식.

1→		2↓		3↓						4↓			
					5→				6→				
		의											
		★					7→			그		8↓	
		9→			10↓ 모								
11→ 점													
				12→									
13→	14↓						15↱ 불		16↓			
		17→	18↓ 부									
										스			

1 무리식의 일부를 근호가 없는 형태로 바꾸는 것. 그 부분은 유리수가 됨.

3 차수가 3차 이상의 다항식인 부등식.

5 여러 가지 방정식에서 해가 단 하나로 정해지지 않을 경우가 있는데, 이때 임의의 수와 함수 등을 포함한 넓은 의미의 해.

8 거울처럼 비추어 사상 개체를 바꾸는 축.

9 구의 형태를 가진 입체도형.

10 단위시간 동안 속도벡터의 변화를 나타내는 벡터량.

13 수열이 무한히 가까워지는 값.

14 두 함수를 합성하여 얻은 함수.

15 x증분에 대한 y증분의 비로 $\dfrac{\Delta y}{\Delta x}$ 로 나타낸 것.

2 파렌하이트가 발명한 온도 단위로, °F를 사용한다.

4 서로 평행이 아닌 두 변의 길이가 같은 사다리꼴.

6 한 직선으로 평면을 둘로 나누면 생기는 각 부분.

7 정의역 내에서, 변수가 증가함에 따라서 함숫값이 증가하는 함수.

9 변이 9개인 다각형.

11 항의 수가 무수히 많은 급수.

12 1.618 : 1 의 이상적인 비율.

1→		2↓ 화	3→		4↓ 등		5→	6↓	해
7↓ 증				8→		축	9↱		
10→									
			11↓				형		12↓
13→		의	★						
		14→				15→		화	

1 변수, 함수, 도함수를 포함하는 방정식.

3 분수의 분자, 분모 중 적어도 하나가 분수인 복잡한 분수.

5 계산의 법칙이나 방법을 문자와 기호를 써서 나타낸 식.

6 프렉탈에서 정삼각형의 변화로 유명한 폴란드 수학자.

7 유한 개의 수를 더한 결과.

10 y축.

12 분자가 분모보다 크거나 같은 분수.

13 연산 결과가 항등원이 나오는 수.

15 소숫점 아래의 어떤 자리에서부터 일정한 숫자의 배열이 되풀이되는 무한소수.

17 일정한 주기로 그래프가 반복되는 함수.

1 미터를 길이, 리터를 부피, 킬로그램을 무게의 기본 단위량으로 정한 십진법의 도량형 단위법.

2 삼각형의 외부에 있으면서 삼각형의 한 변과 다른 두 변의 연장선과 접하는 원.

4 $\dfrac{7x-6}{x+2}$ 처럼 두 다항식의 비로 나타낸 분수 형태의 식.

5 원소가 없는 집합.

6 $\cos$의 역수.

8 $3x+2$에서 x 앞의 숫자 3을 가리키는 용어.

9 어떤 일이 일어날 수 있는 경우의 가짓수.

11 둘 이상의 분수의 분모를 같게 만드는 것.

12 로그 표시에서 상용로그의 양의 소수 부분.

14 π.

16 미지수의 개수를 줄여나가는 연립방정식의 풀이방법 중 하나.

1↱미	2↓			3→	4↓	수			
				5↱					
					집				
6↱시				7→	8↓				9↓
					10→				
			11↓						
			12↱가		13→	14↓			★
15→		16↓				17→			수
		법							

➡️ 가로 열쇠

1 밑면은 다각형이고 다른 모든 면은 1개의 꼭짓점을 중심으로 여러 개의 삼각형으로 둘러싸인 입체도형.

3 좌표를 나타내는 평면.

5 입체도형을 펼쳐서 나타낸 그림.

7 직각삼각형에서 $\dfrac{\sin}{\cos}$ 의 비.

8 무한하게 계속되는 곡선에서 동점이 원점에서 멀어지면 직선과의 거리가 0에 수렴하는 선.

9 수평면에 평행한 곡선.

11 철학, 논리학, 수학 등에서 대전제와 소전제로부터 결론을 이끌어내는 논증 방법.

13 두 대상의 켤레관계.

14 구하려는 자리의 한 자리 아래 숫자가 0, 1, 2, 3, 4이면 버리고 5, 6, 7, 8, 9이면 윗자리에 1을 더하여 어림하는 값.

15 셋 이상의 수(양)를 비로 나타낸 것.

16 다항식에서 어떤 문자에 관하여 각 항의 차수를 낮은 것부터 높은 것으로 나열하는 것.

18 원의 모양.

⬇️ 세로 열쇠

1 ∠AOB에서 ∠는 ○○ 기호이다.

2 야드파운드법에 의한 길이의 단위, 미국에서 주로 쓰는 키의 단위임.

4 한 평면 위에서 서로 만나지 않는 두 직선.

6 시점과 종점이 일치하지 않는 곡선.

8 점을 중심으로 180° 회전했을 때 완전히 겹치는 대칭.

10 평균을 구한 결과 얻어진 값.

11 직각삼각형에서 변의 길이 비의 값.

12 옳고 그름을 따져서 증명함.

14 점, 선, 면을 반사하면 나타나는 축.

15 명제에서 가정이 참이면 결론도 참이 되는 추론적 방법.

16 꼭짓점과 변이 5개인 도형.

17 순서가 있는 두 수를 소괄호 안에 짝지어 나타낸 것.

15

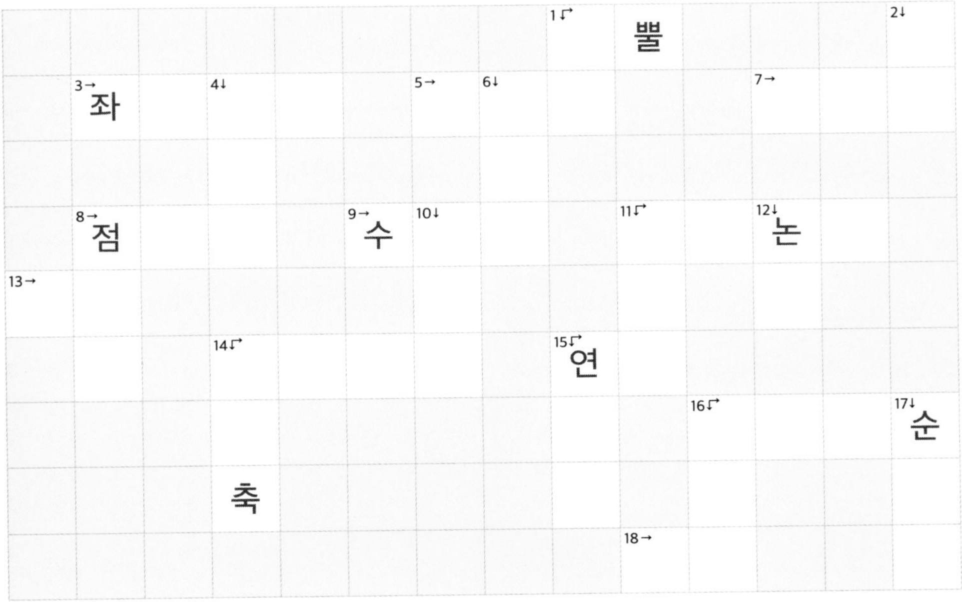
1↓→
뿔
2↓
3→ 좌
4↓
5→
6↓
7→
8→ 점
9→ 수
10↓
11↓→
12↓ 논
13→
14↓→
15↓→ 연
16↓→
17↓ 순
축
18→

1 양의 정수의 다른 말.

3 같은 성질을 가진 대상들의 모임.

5 a^n에서 n과 같이 주어진 수의 거듭제곱을 나타내는 수.

6 일정한 간격으로 눈금을 표시하여 수를 대응시킨 직선.

9 부피의 한자어.

11 명제들 사이의 논리적 관계를 쉽게 이해하기 위해 사용하는 원.

14 전체를 부분적 요소로 분리해 설명하는 방법.

2 $\dfrac{13}{5}$을 $2 + \dfrac{1}{1 + \dfrac{1}{1 + \dfrac{1}{2}}}$ 의 형태로 나타낸 것은 ◯◯◯를 구한 것이다.

4 모든 자연수는 1, 소수 그리고 ◯◯◯로 분류된다.

5 원의 중심을 지나는 현.

7 6개의 직사각형으로 둘러싸인 입체도형.

8 그램의 $\dfrac{1}{1000}$ 단위.

10 미세하게 잘게 나눈 것을 합해 전체량을 구하는 계산법으로, 종류로는 정적분과 부정적분이 있다.

12 다각형의 면으로 둘러싸인 입체도형.

13 어림한 값을 수로 나타낸 것.

1→	2↓ 연			3→	4↓			
5⌐					6→ 수	7↓		
름			8↓					
					9→ 체	10↓		
11→ 벤	12↓		13↓				14→ 석	
		림						

➡️ 가로 열쇠

1 두 수의 크기를 비교하기 위하여 만든 기호.

3 컴퍼스와 자로 주어진 조건에 알맞은 도형을 그리는 일.

5 제곱하여 a가 되는 수를 a의 ○○○ 이라 한다.

7 분수에서 가로선 아래쪽에 있는 수.

11 둘 이상의 수의 공통인 약수.

12 정규분포에서 σ가 의미하는 것.

14 비의 값이 같은 두 비를 등식으로 나타낸 것.

15 2개의 사건 A와 B가 있을 때 사건 A가 일어날 확률이 사건 B가 일어날 확률에 아무런 영향을 주지 않는 사건.

18 원의 가장 안쪽에 있는 점.

⬇️ 세로 열쇠

2 2개 이상의 양의 정수의 최대공약수를 구하는 방법.

4 자료를 일정한 수의 범위로 나누어 분류하여 수량을 정리한 표.

6 이차방정식에서 $\dfrac{-b \pm \sqrt{b^2 - 4ac}}{2a}$ 의 공식.

8 문자의 값에 따라 참이 되기도 하고 거짓이 되기도 하는 식.

9 그래프의 축과 만나는 점의 좌표.

10 등비수열에서 어떤 항의 그 앞 항에 대한 비.

13 단항식에서 항에 포함된 미지수에 곱해진 개수.

16 원을 $\dfrac{1}{4}$ 등분한 원의 일부.

17 삼각형의 외접원의 중심.

19 통계집단의 변량을 크기의 순서로 늘어놓았을 때, 중앙에 위치하는 값.

	1→		2↓ 호			3→	4↓		
			5→		6↓				
							7→ 분		
	8↓ 방			★				9↓	
10↓			11→			12→	준		13↓ 수
14→									
	15→		16↓	건					
					17↓				
		18→		★	19↓ 중				

➡️ 가로 열쇠

1 모양과 크기가 같아서 완전히 포개어지는 두 도형.

4 자료 전체의 합을 자료의 개수로 나눈 값.

6 공간에서 가로, 세로, 높이의 물리적 관계를 측정한 값.

7 = .

9 식의 미지수에 어떤 수를 대입해도 항상 성립하는 등식.

11 연립방정식을 푸는 방법으로, 각 방정식에 적절한 상수를 곱한 다음 방정식끼리 더하거나 빼서 미지수를 소거해가며 방정식의 해를 구하는 방법.

12 컴퓨터의 기억 장치 안에는 자주 사용하는 함수가 미리 기억되어 있어, 사용자가 정해진 함수명을 사용하여 함수값을 계산할 수 있게끔 미리 기억시킨 함수.

15 정의된 기호와 연결선으로 알고리즘이나 프로그램의 논리 혹은 흐름을 그림으로 표현하는 방법.

17 어떤 수나 식을 간단한 수나 일차식의 곱으로 분해하는 것.

18 $\dfrac{용질의\ 양}{용액의\ 양} \times 100$.

20 회화, 건축, 해무학, 수학 등 과학부터 예술 분야에까지 방대한 업적을 남긴 르네상스 시대의 천재 예술가.

23 실수가 아닌 복소수.

⬇️ 세로 열쇠

2 문자 인수가 모두 같은 항.

3 차수가 1차인 다항식.

5 개념이나 명제가 의미는 다르지만 가리키는 대상 또는 진릿값은 같음.

8 중심각의 크기를 나타낼 때 라디안을 기준으로 표현하는 방식.

10 다각형에서 각 변의 길이가 같음.

11 물체의 속도가 시간에 따라 변할 때, 단위시간당 변화의 비율.

13 타원의 중심을 지나는 직선과 타원의 교점을 양 끝점으로 하는 선분 중에서 가장 긴 선분.

14 경우의 수를 구할 때 주로 사용하는 가지도.

16 정육면체에서 만나지도 평행하지도 않는 두 직선의 상태.

19 도수분포표에서 작은 계급, 또는 큰 계급의 도수부터 어느 계급의 도수까지 차례로 더한 도수의 합.

21 5를 단위로 하여 나타낸 수.

22 어떤 실험이나 시행에서 반복되는 발생 횟수.

	1→	2↓ 동		3↓			4→	5↓		
				6→				7→	8↓	
	9→	10↓	식			11↱	감			
12→	13↓ 장		14↓		15→				16↓	
								17→	수	
	18→	도		19↓				★		
20→	21↓			도	★		22↓			
23→ 허										

1 곱셈에서 사용하는 기호.

3 전체에 대한 부분을 나타내는 수.

5 같은 수 또는 같은 문자를 여러 번 반복하여 곱셈하는 방법.

7 수학적 해결 방법이나 계산 법칙을 문자와 숫자를 사용해 정형화한 식.

8 극과의 거리 r과 각도 θ를 이용한 점의 위치를 나타내는 좌표.

10 ∞ .

11 유리수와 무리수.

13 자료를 크기 순서대로 배열했을 때, 중앙에 위치하게 되는 값.

14 한 개의 열로 이루어진 행렬.

2 수를 시각적으로 표현하는 방법.

4 수열이 한없이 가까워지는 값으로 수열의 거의 모든 항이 엡실론 근방에 위치할 때를 말한다.

6 문자의 값에 따라 참이 되기도 하고 거짓이 되기도 하는 식.

7 한 영역의 기본 전제가 되는 명제.

9 한 가지 양이 어떤 정해진 수준까지 완전히 도달하지는 못하지만 점점 가까이 다가가는 것.

10 물체의 어떤 곳을 매달거나 받쳤을 때 수평으로 균형을 이루는 점.

12 자연수의 집합에서 정의된 함수 또는 그 함수의 상으로 얻어지는 원소들을 나열한 것.

			1→	2↓ 기		3→	4↓			
5→			6↓ 방							
		7⌐ 공					★ 8→ 극			
				9↓						
			10⌐							
						11→	12↓			
		13→		값		14→		터		

1 분자가 분모보다 크거나, 분자와 분모가 같은 분수.

3 둘 이상의 분수의 분모를 같게 만드는 것.

5 방향을 가지고 있지 않고 크기만 가지고 있는 물리량.

7 2개의 사건 A, B가 동시에 일어날 수 없을 때, 한쪽이 일어나면 다른 쪽이 일어나지 않을 때의 두 사건.

9 고대 그리스의 철학자. 객관적 관념론의 창시자, 소크라테스의 제자.

10 아르키메데스가 만든 기하학과 도형을 활용한 재미있는 퍼즐.

12 4개의 선분과 4개의 꼭짓점으로 이루어진 다각형.

13 0보다 작은 수.

15 수의 성질, 셈의 기초, 초보적인 기하 등을 가르치던 학과목.

17 옆모서리가 밑면에 수직인 각기둥.

1 수학의 왕자로 불렸으며, 정수론, 최소제곱법, 측지학, 유클리드 기하학, 광학 등 다방면에서 위업을 쌓은 16세기 독일의 수학자.

2 어떤 시행에서 사건 A에 대하여 'A가 일어나지 않는다'라는 사건.

4 $a(b+c)=ab+bc$가 성립하는 법칙.

6 선형미분방정식을 풀고 이 미분방정식을 더욱 쉽게 풀기 위해 간단한 대수 문제로 바꾸는 방법인 ○○○○ 변환을 발견한 프랑스의 수학자이자 이론가.

8 직각삼각형의 빗변의 길이와 높이의 비.

11 네 변의 길이가 모두 같은 사각형.

12 덧셈, 뺄셈, 곱셈, 나눗셈의 네 가지 기본 연산.

14 일정한 간격으로 눈금을 표시하여 수를 대응시킨 직선.

16 삼각형의 세 꼭짓점에서 마주 보는 변에 내린 세 수선이 모두 한 곳에 모이는 점.

18 좌표평면에서 x축에 대한 직선그래프의 기울어진 정도.

1⤷ 가								2↓
				3→	4↓ 분			
5→	6↓				7→		8↓	
	9→ 플					인		
	10→	11↓		온	12⤷			
					칙			
13→	14↓				15→	16↓		
	17→	18↓ 기						

1 두 수의 차가 2인 소수의 쌍.

6 경계의 길이가 일정한 평면 도형 중에서 내부의 넓이가 가장 큰 것은 어떤 도형 인가에 관한 문제.

8 도형이나 공간의 성질에 대해 연구하는 학문.

9 영국의 수학자이자 과학자로 네이피어의 뒤를 이어 로그를 연구했으며, 네이피어 와 함께 상용로그의 발견으로 유명함.

10 모든 성분이 0인 벡터.

11 미적분학의 창시자이자 뉴턴과 동시대 의 유명한 수학자로, 과학자이자 철학 자이기도 했다.

2 이산적인 수학 구조에 대해 연구하는 학문.

3 1933년 피에트 하인이 베르너 하인즈 베르그의 양자역학 강의 도중 개발한 3 차원 퍼즐로 교구 또는 놀이로 많이 쓰 인다.

4 동일한 호에 대해서 중심각 크기의 $\frac{1}{2}$ 인 각.

5 m^3.

7 서로 다른 어떤 두 점 사이에 연결된 변 이 모두 존재하는 그래프.

8 수학에서 모든 연속적인 함수가 함수 공 간에서 이것의 선형 결합으로 표현될 수 있다는 함수로 기본함수라고도 한다.

10 위상공간 내 하나의 집합이 서로소인 두 집합으로 나누어지지 않는 연결 상태의 열린 점의 집합, 영어로는 domain.

		2↓ 이	★	3↓			4↓			5↓
1→										
						6→		★	문	
				★		7↓				
8⌐→		하								
			9→		그		10⌐→ 영			
			11→				츠			

3 모든 면이 합동인 정다각형으로 이루어진 입체도형.

5 보험료 계산을 하는 원리 중 하나로 이용되며 경험적 확률과 수학적 확률의 관계를 나타내는 법칙.

7 원이나 부채꼴에서 두 반지름이 만드는 각.

8 원뿔을 밑면에 평행한 평면으로 자를 때 생기는 입체도형 중에서 원뿔이 아닌 다른 도형.

10 직육면체 모양의 패를 세운 후 밀어 넘어뜨리는 오락의 일종으로 28장의 패로 게임을 할 수 있다.

12 두 개 이상 집단들의 평균을 비교하는 통계분석 기법.

13 지수함수, 로그함수, 삼각함수, 역삼각함수 및 이들의 합성 함수가 역함수를 만드는 절차를 여러 번 행함으로써 얻을 수 있는 함수.

1 입체도형을 평면으로 자를 때 생기는 도형의 면.

2 삼각형의 한 외각에 대하여 이웃하지 않는 내각.

3 함수에서 두 개의 변량이 함께 증가하거나 감소하는 $y = ax$의 관계.

4 kg 또는 파운드로 나타내는 몸의 무게.

6 평면에 있는 직선의 한 점을 지나면서 이 직선에 수직인 직선.

9 자연수와 진분수의 합으로 나타낸 분수.

11 벡터 공간에서 원소에 길이 또는 크기를 부여하는 함수로 추상화된 개념.

		1↓		2↓				
3↰	다	4↓	5→		의	★	6↓	
		7→		각				
8→		9↓ 대			10→		11↓ 노	
		12→						
13→	등							

1 2개 이상의 미지수를 가진 방정식으로 2개 이상 나란히 병렬로 묶은 것.

4 자연과학, 사회과학에서 사상 또는 법칙을 기술하거나 이론을 전개할 때 응용하는 수학.

5 2개의 밑면이 합동이고 평행인 입체도형.

8 가우스 기호 $[x]$에서 x보다 작거나 같은 최대 정수를 나타낸 함수로 가우스 함수 또는 바닥함수로도 불림.

11 연산에서 × 는 ○○○ 기호이다.

12 삼각함수표나 로그표로 삼각함수나 로그의 값을 구한 후, 표에 나타나 있지 않은 세분된 값을 구할 때 더하거나 빼는 작은 수.

14 표본의 크기가 n인 $X_1, X_2, X_3, \cdots X_n$의 분산.

1 계산할 때 변수나 값의 연산을 위해 사용되는 부호.

2 한 측선이 자오선과 만드는 수평각.

3 화폐의 크기와 효용 간의 관계를 수학적으로 표시한 함수.

6 비례식에서 기준으로 삼는 양.

7 대수학에 사용되는 용어로 특정한 체의 확장에 대응되는 군을 일컬으며 수학자의 이름에서 유래했다.

9 제곱근의 근삿값을 구할 때 사용하는 미리 계산하여 만들어 놓은 수표.

10 미분에서 Δx, Δy처럼 증가하는 양.

13 적분구간이 정해지지 않은 적분.

1↱ 연		2↓					3↓			
						4→	용			
		5→ 각	6↓			7↓				
				8→		루				
9↓										10↓
11→	하					12→		13↓		
14→ 표										
									분	

1 하나의 평면으로 이루어진 도형.

3 순서를 나타내기 위해 매겨진 숫자.

4 오랜 시간에 거쳐 관찰된 많은 경험적 사실을 통합함으로써 빠르고도 직접적으로 이해하는 능력.

6 길이나 무게를 재어서 정함.

8 데이터 표본을 4개의 동일한 부분으로 나눈 값.

10 프랑스의 수학자, 철학자, 과학자, 예술가로 압력의 원리와 근대 확률이론의 기초를 확립했으며, 그의 이름을 딴 삼각형이 유명하다.

11 도형의 둘레나 가장자리.

13 삼각함수의 역함수.

1 표본의 값을 모두 더해서 표본의 개수로 나눈 값.

2 한정된 자본을 가진 도박사와 거의 무한한 자본을 가진 딜러가 계속 배팅하면 도박사는 결국 모든 자본을 잃게 되어 파산한다는 이론.

3 $\dfrac{\frac{7}{3}}{\frac{2}{5}} = \dfrac{7 \times 5}{3 \times 2} = \dfrac{35}{6}$ 는 ○○○를 계산한 것이다.

5 기상, 천문 등의 자연 현상을 관찰하여 그 움직임을 살펴보고 측정함.

7 연역논증으로도 불리며, 아리스토텔레스가 처음으로 개발한 논리 체계.

9 두 벡터로 스칼라를 계산하는 연산.

12 직각보다 작은 각.

1↱ 평	2↓		3↱		4→	5↓	
			분			6→	7↓
	8→ 사						언
							★
	★	9↓					
	10→	스			11→		
		곱			12↓		
			13→	삼			

3 리우빌이 처음 발견한, 임의의 정수 계수 다항식의 근이 아닌 수.

4 열린 구간.

6 두 원이 인접해 있을 때, 이 두 원의 중심을 지나는 직선.

7 방정식을 만족시키는 근이 허수인 것.

8 주기적 현상에 있어서 매초의 반복수를 말하고, 주기의 역수이며, 진동수라고 부르기도 함.

9 양이나 수가 더 늘어남.

10 수나 식의 관계를 부등호로 표현한 식.

12 수학에서 일정한 조건 하에 성립되는 필연적 관계.

1 직선이 한 점의 주위를 회전할 때, 그 시작점의 위치를 정하는 일정한 직선.

2 파라미터라 부르기도 하며, 두 개 이상의 변수 사이에서 함수 관계를 정하기 위해 쓰는 또 다른 변수.

5 '모순에 의한 증명법'으로 간접적으로 증명해 보이는 방법.

6 2차방정식의 2개의 같은 근.

7 복소수 $a+bi$에서 bi.

8 주판을 이용한 산술법.

11 나눗셈에서 쓰일 때는 똑같이 나누어 준다는 의미로 쓰이며, 직선, 좌표평면 또는 도형에는 똑같이 나눌 때 쓰이는 용어.

			1↓ 시			2↓		
		3→				4→ 개	5↓	
	6↱							
7↱				8↱			9→	가
수				산				
10→	11↓ 식					12→		

1 원금에 대한 일정기간 경과 후의 발생 이익. 계산 방법에 따라 단리와 복리로 나누어 계산한다.

2 피타고라스와 그의 제자들이 모여 만든 학파로, 수에 대한 신비와 숭배 그리고 화음과 음악과의 관계, 삼각수, 완전수에 대한 연구 등 광범위하게 연구했던 학파.

5 복소수를 기하학적으로 나타내기 위한 좌표평면.

6 일차식으로 나누어떨어지는 대수의 정리로 항등식의 성질을 이용함.

8 한 점의 주위를 돌면서 그 점에서 점차 멀어지는 평면 곡선.

9 $\dfrac{분자}{분모}$로 나타낸 수.

10 확률 변수가 주어진 구간 내의 어떤 값을 가질 확률이 모두 균등한 분포.

12 메소포타미아에 페르시아인과 정착했던 민족으로 쐐기문자로 유명하며, 10진법과 60진법, 기하학에 많은 공헌을 했다.

1 만나서 이웃하는 두 평면이 이루는 각.

2 어떤 수가 앞서 나온 두 수의 합으로 구성되는 수 체계.

3 빛이 프리즘을 통과했을 때 파장에 따라 굴절률이 다른 여러 가지 색으로 나뉘는 배열.

4 야드파운드법에 따른 부피의 단위로 1갤런의 $\dfrac{1}{8}$.

5 원금을 a, 이율을 r, 예금기간을 n으로 할 때 $a(1+r)^n$으로 계산하는 금리.

7 수학 외에도 사회 과학에서 많이 등장하며 평균값을 중심으로 좌우대칭의 종모양 분포곡선을 나타내며, 표준화하면 평균이 0이고 표준편차가 1이며 가우스 분포라고도 함.

11 등호 또는 부등호의 양쪽.

								1↱	
2↱			3↓	★	4↓ 파		5↱		면
					6→		7↓ 정		
8→ 나									
			럼			9→			
★				10→	11↓				
12→ 수					변				

1 $e^{i\pi} = \cos x + i \sin x$.

5 수열의 합을 나타내는 기호.

7 자릿수와 관계없이 같은 기호를 사용하는 기수법.

8 문자와 숫자의 곱으로 된 단항식에서, 문자 부분에 대해 숫자 부분을 가리키는 말.

9 평균치를 산출할 때, 개별치에 주어진 중요도.

11 방정식이나 부등식의 해를 원소로 하는 집합.

12 주기를 가진 파동이면 복잡한 파동도 간단한 파동의 합으로 나타낼 수 있다는 푸리에의 법칙.

2 등차수열에서 연속한 두 항의 차이.

3 $n+1$ 마리의 비둘기를 n개의 비둘기집에 넣을 때 적어도 어느 한 비둘기 집에는 두 마리 이상의 비둘기가 들어 있다는 원리.

4 분모는 자연수, 분자는 1인 분수.

5 프렉탈의 일종으로 내부가 찬 정삼각형에서 반복적으로 작은 정삼각형의 내부를 제거하여 얻은 도형.

6 유희 수학으로 일반인들에게 수학을 알리는 데 공헌한 미국의 수학자이자 과학 저술가. 철학과 문학 분야에도 많은 저서를 남겼다.

8 해석학 문제에서 수치적인 근삿값을 구하는 알고리즘을 연구하는 학문.

10 복소수 $c + di$에서 c.

1→   ★   2↓공

3↓

4↓

5↱   6↓마   7→   ★   수

★   8↱   ★

핀   9→   10↓

11→해   12→   ★ 급

★

형

⇒ 가로 열쇠

1 애매모호한 불확실한 것을 두뇌가 판단하는 것에 대해 수학적으로 접근하는 이론으로 정보처리나 제어 분야에 응용되고 있다.

3 자료를 조직하고 요약하는 통계학 방법의 일종으로 실험자로부터 얻은 데이터를 자료의 특성들을 이해하기 쉽게 기술해 주는 수치로 표현하는 방법.

5 집합 A에는 속하고 집합 B에는 속하지 않는 모든 원소로 이루어진 집합.

9 함수의 공간에 대하여 해석적, 위상적, 통일적인 방법에 의하여 연구하는 해석학.

10 공역의 원소에 대응하는 정의역의 원소가 한 개 이상 존재하는 함수.

11 공통되는 배수.

13 등호를 사용하여 나타낸 식.

14 복소수 $a+bi$에서 짝을 이루는 $a-bi$.

⬇ 세로 열쇠

2 함수를 두 번 미분하여 얻어지는 함수.

3 1차 선형 계획법에서 기저 변수에 의하여 구성되는 해.

4 수열에서 연속되는 두 개의 항의 차.

6 인수분해 공식 $a^2-b^2=(a+b)(a-b)$.

7 수학을 공리에서 논리적인 연역에 의하여 추론되어 가는 체계라고 생각하는 학문.

8 확률에서 동시에 일어나는 사건.

12 순서를 매길 때 사용하는 수, 순서수라고도 함.

	1→		2↓						
		계	3⌐			4↓			
						5→ 차		6↓		7↓
	8↓		9→		해					
10→	사							11→		수
					12↓		13→	식		
		14→		복						

1 미국 풀러 박사의 이론을 바탕으로 한 지오데식 다면체로 이루어진 반구형이나 밑면이 일부분 잘린 구형.

3 통계학에서 유의수준에 따라 귀무가설을 채택 또는 ○○의 2가지 중 하나를 결정한다.

6 중선정리의 일반화로 삼각형의 한 꼭짓점과 그 대변의 한 점을 잇는 선분의 길이와 세 변의 길이 관계를 증명하는 정리.

9 아인슈타인의 상대성이론의 탄생에 영향을 주었던 기하학으로 유클리드 공간이 아닌 공간을 다루는 기하학.

12 4년마다 세계수학자 대회에서 수여되는 가장 권위 있는 수학 상.

13 각을 나타내기 위해서는 이 직선을 먼저 그려 기준으로 정한다.

2 밑면이 오각형인 각기둥.

4 명제에서 주어를 뺀 형용사 또는 동사.

5 맞는 것과 틀린 것을 관측이나 실험, 결과값의 기준에 의해 결정하는 것.

7 1937년 영국의 앨런 튜링이 수학적 연산을 하는 만능 기계에 대한 아이디어를 제안하여 탄생한 현대 컴퓨터의 효시가 된 컴퓨터.

8 어떤 명제의 내용이 참인지 거짓인지를 나타내는 값으로 T와 F를 나타낸 표.

10 가설 검정에서 사용되는 기각 여부에 필요한 영역.

11 조건부 확률로 확률론을 더욱 진일보시킨 영국의 수학자.

12 명제가 성립하는 데 필요한 조건.

1→	2↓ 오			★					
	3→					4↓			5↓
				6→	7↓	어		★	
		8↓							
9→ 비	10↓			★	기				11↓
								12⌐ 필	
13→		선							

➡️ 가로 열쇠

1 특성이나 규칙에 따라 숫자나 데이터를 나열하는 것.

2 1초 동안 진동한 회수를 말하며, 헤르츠(Hz)의 단위를 사용.

4 각의 크기를 삼각비로 나타내는 함수.

6 연속인 함수가 어떤 지점에서 증가에서 감소 상태로 변할 때 그 지점에서 극대가 될 때의 값.

8 난수를 이용하여 함숫값을 확률적으로 계산하는 모의 시뮬레이션 방법.

11 정방행렬과 단위행렬 사이에 이루어진 고유 방정식의 근.

12 '곡선 위의 어떤 두 점을 연결하는 직선의 기울기는 이 두 점 사이에 있는 곡선의 어떤 접선의 기울기와 같다'는 정리로 미적분학에 중요하다.

⬇️ 세로 열쇠

1 3의 배수는 각 자릿수의 합이 3의 배수이며, 5의 배수는 일의 자릿수가 0, 5인 배수만의 특징이 있다. 이 특징을 판정해주는 방법.

2 어떤 수의 약수 중 자신을 제외한 약수.

3 서로 다른 두 각의 합이 $180°$일 때, 그 두 각의 관계 .

5 함수에서 x 값에 따라 하나로 정해지는 y값.

7 그래프의 한 꼭짓점에서 이어진 변을 따라 반복 없이 다른 꼭짓점으로 이동할 때, 거쳐간 꼭짓점을 순서대로 나열한 것.

9 추상적인 것을 개념으로 형상화하여 분류한 것, 범주화.

10 상대방이 현재 전략을 유지한다는 전제 하에 나 자신도 현재 전략을 바꿀 이유가 없는 상태.

			1↱				
		2↱ 진					
	3↓						
4→ 삼		5↓					
6→		값				7↓	
		8→		9↓ 카			
10↓							
				11→			
12→ 평		★					

2 1개의 꼭짓점에 5개의 면이 만나고, 20개의 정삼각형인 면으로 이루어진 입체도형인 정다면체.

5 원의 중심을 지나는 직선으로 반지름 길이의 2배임.

6 미분의 한 점에서의 접선의 기울기.

8 문자식 $7x+3$에서 3.

9 10^{100}.

11 활꼴에서 현의 양끝점과 호 위의 한 점이 이루는 각.

12 좌표 공간에 있는 평면을 나타내는 방정식.

1 표본의 수치로 모집단의 특성을 추리하는 것.

3 다각형에서 한 점에서 만나고 같은 직선 위에 있지 않은 두 변.

4 2명의 경기자가 체스보드 위에서 행마법에 따라 말을 움직이며 승부를 겨루는 보드게임이자 서양 장기.

5 단기 예측을 하는 데 가장 많이 이용되는 방법. 최근 자료일수록 더 큰 비중을 두고 오래된 자료일수록 더 적은 비중을 두어 미래 수요를 예측하는 시계열분석 기법.

7 율이 제시한 생물종과 속의 분포 모형.

9 밑면이 구각형인 뿔.

10 입체도형의 곡면에 대한 넓이.

1↓							
2→	3↓ 이			4↓			
					5↱		
	6→		7↓ 율		8→		
			★			9↱	골
	10↓				11→ 활		
12→		방					

3 선대칭도형이나 선대칭의 위치에 있는 도형에서 두 도형을 서로 완전히 겹쳐지게 하는 선.

5 주어진 집합에 포함되어 있는 집합.

6 계산 순서를 구별하는 기호.

7 수량과 수치를 나타낼 때 기본이 되는 기준.

9 도형을 다른 위치로 이동하거나 크기를 바꾸는 것.

10 집합을 구성하는 각 개체.

12 특정한 순서나 규칙을 가지지 않는 수.

13 +를 가지고 있는 수.

14 등비수열에서 항들을 차례로 더한 것.

1 회전축과 각운동량의 방향이 같을 때 그때의 회전축.

2 두 집합 A, B에서 A-B가 의미하는 집합.

3 미지수에 관한 대수식으로만 이루어진 방정식.

4 순환소수가 아닌 무한소수.

5 양수와 음수를 구분하기 위하여 숫자 앞에 붙이는 +와 -.

8 위상의 성질을 중심으로 공간의 수학적 성질을 연구하는 학문.

11 1보다 큰 자연수를 소인수의 곱의 형태로 나타내는 방법.

15 함수의 그래프에서 x값이 증가함에 따라 y값이 급격히 감소하는 것.

			1↓						2↓	
		3↱	칭		4↓			5↱	분	
						6→				
7→	8↓			9→	환					
	상					10→	11↓			
				12→						
					13→					
			14→	15↓			분			
			감							

3 '정삼각형에 한 내분점을 정한 후 수직으로 각 변에 내린 수선의 길이의 합은 정삼각형의 높이와 같다'는 정리로 갈릴레오와 함께 연구한 이탈리아의 수학자 이름을 땄다.

7 시스템의 다른 말.

8 정적분을 이변수 함수까지 적용한 적분.

10 모집단 전체를 조사하는 방식.

11 덧셈에서 더하는 수.

13 미래의 사건에 대한 자료가 없기 때문에 예측이 불가능해서 통계 분포를 알 수 없는 상황.

14 2개의 직선이 어떤 1개의 직선과 각각 다른 두 점에서 만날 때, 서로 반대쪽에서 상대하는 각의 크기가 같으면 두 직선은 평행하다는 정리.

1 평면도형이나 입체도형의 가로를 잰 길이.

2 $S = 4\pi r^2$이 의미하는 공식.

4 기원전 3세기 그리스의 수학자이자 천문학자. 지동설을 주장했고, 지구에서 태양까지의 거리를 최초로 계산했다.

5 표본을 특정함수로 계산한 값.

6 수론적 구조라고도 하며, 집합에 부여된 수학적 성질.

9 $\vec{a}$ 를 평면 벡터에서 (a_1, a_2) 또는 공간 벡터에서 (a_1, a_2, a_3) 등으로 나타낸 것.

12 각의 두 변이 모두 수평면 위에 있는 각.

¹↓			²↓					
³→	비	⁴↓		★				
			★				⁵↓	
					⁶↓		⁷→	
			⁸→		적			
				★			⁹↓	
		스						
			¹⁰→	수				
								★
			¹¹→	¹²↓	¹³→		성	
			¹⁴→	각				

1 정삼각형을 그린 후 각 변을 3등분해서 한 변의 길이가 이 3등분 길이와 같은 정삼각형을 덧붙이는 과정을 무한히 반복해 얻는 프렉탈 도형.

4 왼나사의 회전방향으로, 시곗바늘의 회전 방향과 반대되는 방향의 회전.

5 코시─슈바르츠 부등식.

8 $\vec{a} = (a_1, a_2)$일 때, $|\vec{a}| = \sqrt{a_1^2 + a_2^2}$ 를 계산한 것.

9 { } 에 해당하는 괄호.

11 삼각형의 방접원의 중심.

12 선분의 외부를 나누는 점.

13 다각형이 존재하는 차원.

2 최고차수가 2차인 방정식.

3 이항식의 거듭제곱을 이항 정리로 하는 전개.

6 어떤 점을 기준으로 도형을 선대칭이나 점대칭이 되게 하는 점.

7 타원의 방정식에서, 거리의 합이 일정한 점의 자취를 그릴 수 있도록 기준이 되는 두 정점.

10 공식 $l = r\theta$가 구한 것.

11 기본 단위 벡터의 방향과 크기를 알 수 있는 표기법.

12 한 다각형의 모든 꼭짓점을 지나는 원.

1→		★			2↓ 이			3↓
	4→			★				전
	5→	6↓					7↓	
8→		의	★					
		★		9→	10↓			★
	11↳				의			
			★		12↳		점	
				13→				
	인							

1 하나의 정육면체의 각 변을 3등분해서 9개의 작은 정육면체로 쪼갠 후 거기서 각 면의 가운데 정육면체 6개와 정중앙의 정육면체 1개를 빼면 모든 면에서 가운데가 뚫린 정육면체가 완성된다. 남은 20개의 정육면체를 같은 방법으로 무한히 진행하는 3차원 프렉탈로 카를 멩거가 고안했다.

5 조건이 되는 확률 변수의 값에 따라서 분포가 달라지는 확률변수.

6 연산을 여러 번 적용해도 항상 같은 값이 나오는 식.

8 협력할 경우 서로에게 가장 이익이 되는 상황이지만 결국은 개인적인 욕심으로 서로에게 불리한 상황을 선택하게 된다는 비제로섬 게임의 일종.

10 평면기하학에서, 두 정점에서의 거리의 비가 일정한 점의 자취.

13 각뿔에서 이웃하는 옆면끼리 서로 이면각을 이루는데 밑면의 모양에 따라 생기는 이면각들을 모두 가리키는 말.

2 속력 × 시간 = ?

3 지수에 미지수를 포함하고 있는 부등식.

4 어떤 양의 실제 값.

6 변수의 멱이 무한히 증가하는 급수.

7 꼭짓점과 두 변이 공통이고 합이 $360°$ 인 두 개의 각에서 서로에 상대하여 부르는 각.

9 페르마의 접선법의 발전과 미분과 적분이 서로 역관계라는 것을 증명하여 미적분의 기반을 확립한 수학자. 광학과 기하학에도 기여했다.

11 중심각이 $180°$ 를 초과하는 호.

12 잘랐을 때 단면의 모양이 원인 것.

1→ 멩	2↓	★		3↓				
								4↓
		5→			★			값
		6↱ 멱						
					7↓			
	8→			★	딜			
	9↓							
10→ 아			11↓			★	12↓	
				13→ 다				

답 120P

79

➡️ 가로 열쇠

1 3차원의 입체사상을 2차원의 평면사상으로 시각적 거리감을 느끼게 나타내는 기법.

3 세 변의 길이와 세 각의 크기가 모두 같은 삼각형.

5 미지함수에 관하여 선형인 미분방정식.

7 x가 어떤 값에 근접할 때 y값이 ∞ 또는 $-\infty$로 발산하는 수직선.

11 좌표평면을 4부분으로 나눈 것.

12 경기를 할 팀의 차례를 정해 놓은 표.

13 $3\sqrt{2}, 5\sqrt{2}, 10\sqrt{2}$ 처럼 제곱근 밖의 숫자는 다르지만 제곱근 안의 숫자는 같은 것을 부르는 말.

⬇️ 세로 열쇠

1 원뿔을 원뿔의 꼭짓점을 지나지 않는 평면으로 잘랐을 때 생기는 단면이며 곡선 모양을 갖는다.

2 구와 닮은 모양.

4 $3x^3 + 4x - 1$ 처럼 항이 세 개인 식.

6 방정식에서 구하려고 하는 문자. 일반적으로 x를 많이 쓴다.

8 서로 직교하는 직선 축을 이용하여 점의 위치를 나타내는 좌표.

9 좌표평면 위의 한 점을 x축으로 m만큼, y축으로 n만큼 평행이동하는 것.

10 벡터 공간의 일차변환.

1↱						2↓	
			3→	4↓ 삼			
5→		6↓					
		지					
		7→	8↓ ★	9↓		10↓	
				의			
				★		11→ 사	
	12→		표				
				13→		류	

1 적분학에서 $F'(x)=f(x)$일 때, $f(x)$에 대해 $F(x)$를 이르는 말.

3 $30°$, $60°$를 가진 직각삼각형과 직각이등변삼각형 모양의 쌍으로 된 자.

5 지형의 높낮이를 나타낸 선.

6 그리스 문자의 마지막 글자이며, 수학에서는 대문자로 전체집합을, 소문자로 방정식의 근이나 각속도를 나타낼 때도 쓰인다.

8 ϕ로 나타내는 집합.

9 8개의 변과 8개의 각이 모두 같은 도형.

12 길이, 무게, 부피를 측정하는 도구나 그 단위법.

13 $\int f(x)dx=F(x)+C$에서 $f(x)$를 이르는 용어.

2 새로운 문제를 해결하기 위해서 선험적인 것을 통해 그 문제에 대해 반복적으로 시행하다가 어떠한 결과를 우연히 알게 된 후 전의 시행을 배제하는 과정.

3 '평면 위의 서로 다른 2개의 직선과 평면 밖의 1개의 직선이 각각 수직이면 평면과 직선이 수직한다'는 3개의 수선에 대한 정리.

4 내각이 모두 $180°$보다 작아서 모양이 볼록하게 보이는 다각형.

7 자연수의 부분집합과 일대일 대응이 있는 집합.

10 물체의 운동을 정량적으로 나타낸 양이며, 「질량 × 회전 반지름 × 속도」로 계산한다.

11 '거의 정확한', '어떤 수치에 매우 가깝게'라는 의미로 π값이 3.14인 것과 오일러의 수가 2.718인 것도 이렇게 계산한 것이다.

12 함수 $f(x)$를 미분하여 얻은 함수.

1→	2↓				3↱			
	행							4↓ 볼
			5→					
	6→	7↓ 가						
					★			
	8→				9→		10↓	
							운	
			11↓			12↱		
							함	
			13→ 피					
				★				
			산					

➡️ 가로 열쇠

1 게임이나 문제를 풀 때 이것을 알면 해결시간이 단축된다. 주기 또는 규칙을 알 수 있기 때문이다.

3 집합이나 함수에 존재하는 가장 큰 값.

5 모집단의 수치를 나타내는 것.

6 자전거 바퀴의 호에 해당하는 부분에 점을 찍어서 바퀴를 굴려보면 바퀴가 굴러가면서 그리는 곡선.

8 비교적 소수의 인자로 많은 변량 사이의 관계를 설명하기 위해 고안된 통계적 분석 방법.

10 2개의 다항식의 비로 나타낼 수 있는 함수.

11 원에서 중심각의 크기가 $180°$ 미만인 호.

⬇️ 세로 열쇠

1 2진법 데이터로 정의된 확장 비트로 데이터 저장이나 전송을 유지하기 위한 자동 오류 검사 방법으로, 홀짝성 검사라고도 한다.

2 함수 $f(x)$가 $x=a$에서 연속이고 x가 증가하면서 $x=a$를 지날 때 감소에서 증가로 변할 때 $f(a)$의 값.

3 그래프의 두 정점 사이의 경로 중에서 길이가 가장 짧은 경로.

4 1, 2, 4는 4로 나누어떨어진다. 집합에서 1, 2, 4는 4의 무엇일까?

5 $3 \equiv 8 \equiv 13\cdots$은 5로 나눈 나머지가 항상 같다는 의미이며, $\equiv$는 합동기호이며 ○○로 읽는다.

7 독일의 수학자로 군 개념과 비유클리드 기하학에 업적을 남겼다. 《높은 입장에서 본 초등수학》은 명저이며, 뫼비우스의 띠 2장으로 이어붙여 완성한 병(bottle)에 대한 학설은 매우 유명하며, 지금도 퍼즐계에 회자되고 있다.

9 $\frac{1}{2}, \frac{1}{6}, \frac{1}{18}, \frac{1}{54}, \cdots$처럼 분수로 이루어진 수열.

10 측정값에서 신뢰할 수 있는 숫자로, 근삿값을 구할 때 반올림 등에 의하여 처리되지 않은 부분.

	1↱	턴			2↓	
	티	3↱			값	
	★					4↓
					5↱	
6→		7↓ 클				
		8→		9↓		
				수		
	10↱ 유					
			11→		호	

➡️ 가로 열쇠

1 두 점근선이 수직으로 만나는 쌍곡선.

3 노모그램. 그림으로 여러 변수 간의 관계를 표시해 수치를 읽기 편하게 한 도표.

6 간단한 계산을 기계적으로 할 수 있도록 상대적으로 움직일 수 있으며, 눈금이 매겨진 자. 1621년 영국의 수학자 윌리엄 오트레드가 발명한 이래 많은 수학자와 과학자가 사용했으며, 350여 년 동안 건축 설계 계산에도 유용하게 사용되었다.

7 3개 이상의 직선이 같은 점을 지나는 것.

8 점, 선, 면으로 구성된 입체도형.

11 실험 요인을 적용한 실험 집단과의 비교를 위해 미리 비교 준거로 선정한 집단.

12 좌표축, 좌표의 종류, 원점을 포함한 말.

13 실수의 계산법칙에는 3가지가 있다. 교환법칙, 분배법칙, ○○○○ .

⬇️ 세로 열쇠

2 모나지 않고 굽은 선을 그리기 편하게 여러 가지 모양의 굽은 선과 도형이 있는 자.

4 한 번의 시행으로 나타난 결과.

5 어떤 집합의 모임이라도 그 모임에 속한 각 부분집합에서 하나의 원소를 선택하여 집합을 만들 수 있다는 원리.

6 함숫값이 변수의 값에 따라서 변하는 것을 그림으로 나타낸 것.

7 칸토어의 집합론인 '소박한 집합론'의 모순을 해결하기 위해 등장한 이론

9 변량의 값으로 나타나는 통계.

10 전체집합 U의 원소 중에서 $p(x)$가 참이 되는 x값의 집합.

	1→			2↓ 곡					
					3→				4↓
5↓ 선		6↱							
							7↱		점
8→				형					
						9↓			
								★	
	10↓					11→			
				12→			계		
13→ 결									

➡️ 가로 열쇠

1 팔꿈치부터 손 끝까지의 길이를 기준으로 한 고대 이집트와 바빌로니아에서 쓰였던 단위.

5 함수 $f(x)$에서 x 대신 $-x$를 대입했을 때 함숫값이 $-f(x)$가 되는 함수.

6 항이 커짐에 따라 항의 값이 작아지는 수열.

7 시계의 두 바늘의 위치와 시각에 관한 수학 문제.

8 지리적인 구역에 정량적 요소의 변동이나 차이를 나타낸 도면.

9 대략 경계 없이 무한히 뻗어나가지 않는 공간.

11 변수가 여럿인 함수를 하나의 변수만의 함수로 보았을 때의 미분 계수.

12 이차 곡면 가운데 방정식 $ax^2 + by^2 = 2z$를 만족시키는 곡면.

⬇️ 세로 열쇠

2 옆모서리가 밑면에 수직이 아닌 각기둥. 옆면이 평행사변형으로 보인다.

3 모든 유한한 양보다도 적은 양이면서 0이 아닌 양.

4 위치 맞바꾸기를 짝수 번 해서 얻은 순열.

6 빼기를 하는 수학 연산.

7 시컨트 함수를 나타내는 그래프.

8 유한 또는 무한집합에서 두 집합이 일대일대응일 때 원소의 개수로, 계산수 또는 계량수로 불린다.

10 계산을 쉽고 간단하게 하는 방법.

1→	2↓							
			3↓		4↓			
	5→ 기							
			6↱ 감					
	7→					8↱		램
9→	팩	★	10↓					
		★	11→ 편					
12→		선						

1 한 변의 길이가 1인 단위 정육면체를 면과 면끼리 붙여서 만든 입체도형.

2 미분에서 정의역에 속하는 연속적이지 않은 점.

5 일정한 주기마다 같은 값을 가지는 함수.

7 함수에서 2개의 사상을 연속하여 대응한 것.

9 사각형, 원, 구 등을 통틀어 이르는 말.

10 행벡터와 열벡터가 유클리드 공간의 정규 직교 기저를 이루는 실수 행렬.

11 종이에서 연필을 떼지 않고 그래프의 모든 변을 단 한 번씩만 통과하는 그래프 이론. 이 이론에 대해 오일러가 쾨니히스베르크의 다리 문제를 해결하면서 규칙을 정리했다.

1 '1 + 2'를 '+ 12'처럼 연산자를 앞에 놓는 기법.

2 쿠르트 괴델의 2개의 정리로 아래처럼 설명된다.

① 자연수의 사칙연산을 포함한 어떠한 공리계도 모순이 없거나 완전할 수 없다.

② 자연수의 사칙연산을 포함하는 어떠한 공리계가 모순이 없을 때, 그 체계 안에서는 증명할 수 없다.

3 고유성과 내재적 특징이 있으며, 모이면 중요한 실체가 되는 하나의 요소.

4 오차의 절댓값이 어떤 값 이하일 때, 어떤 값.

6 각 성분의 행과 열을 바꾼 행렬로 전치 행렬이라고도 한다.

8 두 변량 x, y 사이의 관계를 알아보기 위하여 이들 x, y를 순서쌍으로 하는 점 (x, y)를 좌표평면 위에 나타낸 그림.

10 원뿔의 꼭짓점에서 밑면에 내린 수선의 발이 밑면의 원의 중심이 되는 원뿔.

	1↱					2↱		3↓	
			4↓				전		
5→ 주			6↓			7→		8↓	
						★		관	
				★				9→	
10↱		렬		11→ 한					

1 어떤 양이 둘 이상의 양에 비례 또는 반비례하는 관계.

5 $y=\sin x$에서 $y=\sin^{-1}x$ 또는 $\arcsin x$를 구했다면 사인함수의 ○○○를 구한 것이다.

6 스웨덴의 맥스 테그마크가 발표한 논문으로 '우리 세상 안에 있는 모든 것들은 순수하게 수학적이다'라는 내용의 가설.

8 대기행렬 이론에서 나오는 용어로 두 연속되는 도착 사이의 시간.

10 좌표평면에서 기준이 되는 점.

11 2개 이상의 단항식이 덧셈이나 **뺄셈**으로 구성된 식.

12 반사 광선과 법선이 만나는 각.

1 복소수를 변수로 갖는 함수.

2 정수와 소숫점을 이용해 나타낸 수.

3 각 계급의 큰 쪽의 끝 값과 그 계급까지의 누적도수를 대응시킨 점을 찍어 연결해 완성한 다각형.

4 고대 그리스의 수학자로 실진법으로 유명하며, 반지름과 높이가 같은 원기둥과 원뿔에서 원기둥의 부피의 $\frac{1}{3}$이 원뿔임을 증명했다. 정수론과 천문학에도 많은 업적을 남겼다.

5 언뜻 보면 일리가 있는 것처럼 생각되지만, 분명하게 모순되거나 잘못된 결론을 이끄는 논증이나 사고 실험 등을 의미하며 패러독스라고도 불림.

7 단위 시간에 대한 속도의 변화율을 나타내는 벡터.

9 x좌표와 y좌표가 모두 정수인 좌표평면 위의 점

1↱								
								2↓
	3↓		4↓		5↱			
함								
6→		적	★		7↓		설	
				8→		착		9↓
		포				10→		점
	11→							
12→	사							

➡️ 가로 열쇠

1 자료 전체의 특징을 하나의 수로 나타낸 값.

2 양의 정수, 0, 음의 정수를 통틀어서 부르는 말.

3 분자의 값이 분모보다 작은 분수.

4 부피의 한자어.

5 고대의 남아시아 서북부 및 중앙아시아에서 사용된 문자, ○○○○ 문자.

7 확률변수에 대한 관측이나 증거에 대한 조건부로 얻어지는 확률.

9 그리스의 수학자로 태양에 비친 그림자를 이용하여 피라미드의 높이를 구한 것으로 유명하다.

10 시작점과 끝점이 일치하는 곡선.

12 네 변의 길이가 모두 같은 사각형에 한 각의 크기가 90°인 조건을 제시하면 형성되는 사각형.

⬇️ 세로 열쇠

1 보통 산술과 추상대수로 정의되며 수학자 무하마드 알 콰리즈미의 책에서 용어가 유래했다.

2 주사위 모양의 입체도형.

3 주기적인 진동에서 진동의 중심으로부터 최댓값까지의 차이.

6 극한값이 $\frac{0}{0}$ 또는 $\frac{\infty}{\infty}$의 형태일 때 미분을 이용해 계산하는 방법, ○○○ 정리.

8 비에서 뒤에 있는 항.

10 표본이 1개인 사건.

11 말의 안장처럼 구부러진 면.

		1→			2⌐ 정		
3⌐	분						
					4→		
5→	6↓						
				7→	8↓ 후		
	9→ 탈						
	10⌐	폐	11↓				
12→		각					

1 어떤 정리를 증명하는 데 쓸 목적으로 사용하는 간단한 정리.

3 여러 개의 직사각형을 사용해 확률분포 함수를 그래프로 나타낸 것.

7 $360° \times n + a°$로 나타내는 각.

8 집합론의 기본 공리. 부분집합의 원소를 뽑아 또 다른 집합을 만들 수 있다는 공리.

9 어떤 정사각행렬에 영이 아닌 적당한 열벡터를 곱한 결과가 그 열벡터의 스칼라 곱과 같아질 때의 열벡터.

10 수에 대한 사칙연산을 계산하는 것.

12 측도와 측도 공간을 연구하는 수학 분야.

2 탈출할 수 있는 미로인지 없는 미로인지 알려주는 이론을 ○○○ ○○ 정리라고 한다.

4 도넛의 겉과 비슷한 모양의 곡면.

5 기하학과 타원 함수론, 해밀턴과 함께 발견한 행렬의 공식으로 유명한 수학자.

6 다각형에서 이웃하지 않은 두 꼭짓점을 이은 선분.

9 초등수학 단계 이상의 수학. 고등 대수학, 미적분, 함수론, 해석 기하학, 추상 대수학 등을 포함한다.

11 도수 분포의 모양을 조사할 때 변량의 흩어진 정도.

	1→	2↓			3→ 히		4↓	
		르						
		★		5↓		6↓		
				7→		각		
	8→			리				
			9↱			터		
			10→ 수		11↓			
			12→		도			

답 122P

➡ 가로 열쇠

1 기대치와 관측치 사이의 적합도 검정.

3 집단의 구조를 파악하기 위한 대규모의 통계적 조사방법.

4 독립변수(원인)와 종속변수(결과)가 비례 관계가 아닌 성질.

5 정사각형 또는 정육면체 5개를 이어 붙인 도형으로, 다양한 모양을 만드는 퍼즐.

6 지수에 미지수가 있는 부등식.

8 점, 선, 면, 입체로 구성된 조각을 이용해 다양한 모양으로 만드는 놀이. 교육용으로도 많이 활용함.

11 명제에서 $p \Rightarrow q$는 충분조건, $q \Rightarrow p$는 필요조건이면 $p \Leftrightarrow q$의 조건을 이르는 말.

⬇ 세로 열쇠

1 무질서, 혼돈이라는 의미를 가진 그리스어에서 유래한 말. 무질서하고 불규칙하여 예측이 불가능하지만 초기 조건의 값들을 정확히 파악한다면 오차를 많이 줄여서 예측이 가능할 수도 있다는 논점으로 수학과 과학에서 50여 년 동안 연구되고 있으며, 나비 효과 이론에도 영향을 주고 있다.

2 어떤 비의 전항 및 후항을 각각 제곱한 비.

3 미터법에 의한 길이의 단위로 1밀리미터의 10배.

7 계산 시스템에서 부호 규칙을 적용하는 작업으로 코딩이라고도 한다.

9 인도에서 유래한 손가락 곱셈법.

10 서로 다른 몇 가지 대상들 중에서 중복을 허락하여 몇 개를 택하는 조합.

12 $180°$ 보다 크고 $360°$ 보다 작은 각.

				1↱		2→			
			오						
	3↱				4→			형	
5→				6→		7↓			
		미							
			8→	9↓			화		
				학					
					10↓				
	11→	12↓		분					

가로 열쇠

3 13세기의 수학자로 최초로 주판을 사용한 계산법과 인도식 계산법을 소개하는 저서를 집필해 수학 발전에 공헌했다.

4 덧셈법의 다른 말.

7 실험이나 시행을 했을 때 나타나는 결과의 개수.

8 기각여부를 결정하는 대상이 되는 가설.

9 어떤 집합에 속하는 모든 수가 어떤 실수보다 크지 않은 경우.

11 유한 개의 실수로 이루어진 수열.

12 삼각함수의 역함수.

세로 열쇠

1 페아노가 창안한 곡선으로 '공간을 채우는 곡선'으로도 불린다.

2 제약 조건 하에 주어진 함숫값이 최대 또는 최소를 만족하는 변수의 값을 구하는 방법. 종류로는 선형 계획법, 비선형 계획법, 정수 계획법이 있다.

5 열의 비가역적인 변화를 설명하기 위해 도입된 물리량.

6 회귀분석을 하기 위한 독립 변수의 계수.

7 모집단의 모수 또는 분포 등에 대해 가설을 세우고, 표본을 통해 얻은 정보에 따라 어떤 가설을 택할 것인지 결정하는 통계적 분석절차 또는 방법.

10 최대우도 추정 시에 설정되는 함수.

11 유비 추리의 준말로 객관적 실재의 비슷한 것이나 일치하는 것을 발견해 과학적 가설을 검증하거나, 수학의 공식 증명에 많이 쓰인다.

		1↓ 페		2↓					
		3→		★					
	★		4→	법					
5↓			6↓		7↰				
			8→	무					
9→	로	★						10↓	
						정			
11↰		열	12→					수	

답 123P

4 편미분방정식을 이용해 대량의 물자의 운송에 드는 비용을 최소화하는 방법을 찾는 이론.

6 A∩B에서 ∩는 ○○○ 기호이다.

7 게임에 참여한 경쟁자는 자신의 선택으로만 결정되는 것이 아니라 다른 경쟁자의 선택에 의해서도 결정되는 상황이 오기 때문에 자신에게 최대의 이익이 올 수 있도록 행동한다는 수학 이론.

9 연립방정식에서 A＝B이고 A＝C이면 B＝C임을 이용해 해를 푸는 방법.

10 1과 자신 이외의 약수를 가지는 정수.

12 1g의 1000배인 단위.

14 3개씩 18층으로 이루어진 나무 블록 탑의 맨 위층 블록을 제외한 나머지 층의 블록을 하나씩 빼서 다시 맨 위층에 쌓아 올리는 보드게임.

1 온스의 16배인 단위로 질량의 무게를 잴 때 주로 사용한다.

2 정사각형을 7개의 서로 다른 조각으로 쪼개어 모양을 자유롭게 만드는 전통놀이 및 교구로 탱그램이라고도 한다.

3 모두를 합한 것.

4 자료의 변량 중 가장 빈번하게 나타나는 것을 그 자료의 ○○○ 이라 한다.

5 아르키메데스가 진일보시킨 귀류법이다. 특징으로는 귀류법을 두 번 사용하며, 도형의 넓이 또는 부피를 증명하는 데 사용했다.

8 어떤 일정한 제한을 받지 않고 마음대로 하는 특성.

11 방사성 물질의 반감기, 예금 복리, 박테리아 증식 같은 자연현상에 활용되는 로그.

13 패턴을 찾는 이론으로, 임의의 여섯 사람이 모일 때마다 그중에 서로를 모두 아는 세 사람이 존재하거나 서로를 전혀 모르는 세 사람이 존재한다는 가정을 그래프를 이용해 답한 유명한 이론.

15 상용로그에서 소수인 부분.

47

		1↓						2↓		3↓
4↱	적			5↓				6→		
				중						
						7→	8↓	이		
		9→				10→				
					11↓					
				12→	로		13↓			
							★			
			14→	15↓			이			
				수						

답 123P

1 좌표평면에 점의 데이터의 분산 또는 방정식, 함수 상태를 나타내는 그래프.

3 수학에서 최적의 해법을 찾는 것.

4 스도쿠 또는 네모로직처럼 규칙이 간단하고 숫자와 선, 색칠만을 사용하는 퍼즐.

7 한 평면에 수직으로 만나게 되는 다른 평면.

8 차례대로 짝지어진 두 항의 차로 이루어진 수열.

10 아르키메데스가 처음 개발한 여러 종류의 정다면체로 구성된 반정다면체이다. 그중 깎은 정이십면체는 축구공 고안에 영향을 주었다.

12 삼각함수 각의 크기를 미지수로 하는 부등식.

1 수열의 항 사이에서 성립하는 관계식.

2 컴퓨터를 실행시키기 위해 작성된 명령어.

3 공약수 중에서 가장 큰 수.

5 어느 한쪽으로도 치우치지 않고 평형을 이룸.

6 자료를 수집하고 정리 및 분석하는 해석학.

9 기하학에 한정하여 증명이 필요없는 참인 명제.

11 가우스가 직선 자와 컴퍼스로 작도한 정다각형으로, 모양은 원에 가깝다.

		1↱		2↓			
3↱		화		4→		즐	
		5↓			6↓		
7→				8→			
수			9↓				
			10→	11↓			
			준				
			12→				
				형			

1 마주 보는 한 쌍의 변이 서로 평행인 사각형.

5 사건의 결과와 그 사건들의 확률을 보여주는 그림.

9 참값에 가까운 값.

10 수학은 기하학, 해석학, ○○○ 으로 크게 구분된다.

11 일정한 간격으로 눈금을 표시하여 수를 대응시킨 직선.

12 각도(평면각)의 단위, 호도라고도 함.

14 도형을 만들거나 연산을 할 때 쓰는 막대기 모양의 교구.

16 x에 관한 n차 방정식에서 그 근의 성질을 판별하는 식.

17 값이 결정되지 않아 임의의 값을 가질 수 있는 문자.

19 수리 해석용 소프트웨어.

2 세 개 이상의 선분으로 둘러싸인 평면도형.

3 함수의 미분과 적분의 성질들을 폭넓게 다루는 분야.

4 플러스, 마이너스의 대소와 무관하게 결정되는 그 수의 크기만을 표시하는 값.

6 어떤 함수의 미분계수.

7 어떤 곡선에 가깝게 접근하지만 만나지 않는 직선.

8 평면을 큰 종이로 생각하여 어떤 직선을 따라 그 종이를 접었을 때, 완전히 겹쳐지는 두 도형.

13 대수학의 아버지. 저서로는 《산수론》이 있다.

14 수열의 지표가 점점 커짐에 따라 수열의 항이 어떤 값에 가까워지는 것.

15 마주 보는 변. opposite side.

18 수선과 일정한 직선이나 평면이 만나는 점.

1→ 사	2↓						3↓
				4↓			적
5→	6↓ 도	7↓			8↓		
		9→	삿		10→		
	11→						
12→	13↓						
	오		14↱→ 수	15↓			
	16→			17→	18↓		
19→		카					
					★		
					발		

3 방정식을 푸는 과정에서 나타나지만, 주어진 방정식의 근이 아닌 것.

5 다항식에서 어떤 변수에 대해서 높은 차수부터 낮은 차수로 나열하는 것.

7 오일러의 짝수에 대한 급수의 합을 복소수에 적용한 리만의 함수.

8 용어의 뜻을 명확하게 나타낸 것.

9 식을 계산한 값.

10 넓이의 한자어.

12 한 각이 직각인 삼각형.

15 그 도형의 모든 점에서 한 평면 위로 내린 수선의 발.

17 도수분포표에서 작은 계급 또는 큰 계급의 도수부터 어느 계급의 도수까지 차례로 더한 도수의 합.

18 $\dfrac{질량}{부피}$.

20 표본에서 얻은 자료를 통해 모집단 전체의 특성을 추론함으로써 생기는 오차.

1 구하려는 자리 아래에 0이 아닌 수가 있으면 구하려는 자릿수를 1 크게 하고, 그 아래 자릿수를 모두 0으로 나타내는 것

2 $3(x+1)^2$처럼 다항식의 제곱으로 나타낸 식.

3 유리수가 아닌 실수.

4 임의의 점에 대한 주변 영역으로 집합을 나타낸다. 해석학에서 많이 쓰이는 '주변'이나 '근처'와 유의어.

6 알고리즘 순서를 기호와 도형을 이용하여 그림으로 나타낸 것.

8 6개의 꼭짓점과 8개의 면, 12개의 모서리를 갖는 정다면체.

11 한 점에서 시작하여 무한히 곧게 뻗어나가는 선.

13 3을 밑으로 하는 기수법.

14 $\dfrac{x}{1-e^{-x}}$ 의 거듭제곱 급수전개식의 각 계수에서 찾아볼 수 있는 수.

16 공간과 시간을 4개의 실수로 나타낼 수 있는 차원.

19 자료를 알아보기 쉽게 그림으로 나타낸 표.

21 밑면이 오각형인 각뿔.

	1↓			2↓		3⌐		4↓
5→ 내		6↓				무		
			7→ 제					
8⌐		도						
			9→		★			
10→ 적		11↓ 반						
		12→	13↓					
				14↓				
	15→	16↓						
				17→				
		원		이				
18→	19↓			★				
	20→ 표	21↓						

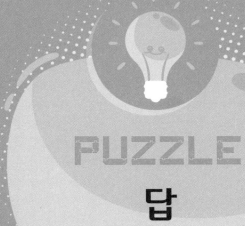

PUZZLE

답

퍼즐 1

근	의	★	공	식		
호			분			
		산	포	도		
				수	식	
자	연	로	그			
릿			동	심	원	
수	평	축		주	사	위
		도			면	
				입	체	
				력		

퍼즐 2

기		높			삼	각	비	
하	노	이	탑		중		대	입
평					근		칭	
균	등	분	포				도	
	차							
계	급	구	간			문		
	수		접			자	유	도
			증	가	수	열		
			명					

퍼즐 3

대	우			부	채	꼴
칭				등		
이	중	근	호	변	곡	점
동		원		삼		
		사	엇	각		
		건		형		
막			분		모	
대	각		포	물	선	
그						
래				단		
프			평	면		
				각		

1 2 3 4

퍼즐 4

결	합	법	칙	등	분		
	동			변			
상				사	차	원	
관	계	식		다		호	환
도		의		리			공
		★		꼴		치	역
		값				환	
			비	례	상	수	
					관		
					누	계	
						수	

[좌상단]

```
        컴      겨 냥 도
   아    퍼 센 트     수
페 르 니 쿠 스        분
              포    질
              다 변 량
구 분 구 적 법     각
장    분    십 각 형
암 산    사 상    도
술    수
```

[우상단]

```
포       칸
아 리 스 토 텔 레 스
송       어    칼
   패       라 마 누 잔
뉴 턴    발 산
   술       등 변
      메    호
   데 카 르 트
      센
      소    닮 음
      승 수    함
            수
```

[좌하단]

```
   부 정 수       짝
   정    종 속 변 수
   방    모    량
   정    양
차 식    ★
      분
      포 물 선 의 ★ 준 선
폐 구 간    갈
      호 루 스 의 ★ 눈
      아       금
   서 로 소
      인
유 한 소 수
```

[우하단]

```
정 이 십 면 체
보       바 빌 로 니 아 인
이 산 변 수    마    르
론    분    숫    강
   법 연 산 자
            조
      전 사 건
      단    문 자 식
      사
      함
   최 소 공 배 수
```

9

	나	팩	토	리	얼				
크	래	머		리			변		
	지		첼		대	수	학		
			리		응				
이				둔	각				
원		회	귀	선					
방			류						
정	사	영	법		분	수	방	정	식
식								방	
			명					행	
			제	곱	수			렬	

10

시	계	열	분	석		구	구	단	
	차		산			간		위	도
지	수								
	열	행	렬		원				
					주	기		반	비
가	비	의	★	리		하		내	각
정						평			★
	끼	인	각			균			공
			의						식
			★						
			이						
			등						
			분	모					
			선						

11

단	위	행	렬			군
	치		친	화	수	
	이				열	
동	심	원				
		소		초	과	
		나			잉	
무	한	수	열	순	허	수
		법				
				빗		
		아	랫	변		
		르				
		키		비		
		메		에		
		데	데	킨	트	
		스				

12

실	수	배	수						상
	각		직	사	각	형	홍	대	용
	의		이						로
	★		등				비	율	그
	공	통	분	모					
점	화	식		집					
				단	사	함	수		
소	거	법					불	연	속
	리		진	부	분	집	합	능	셈
			정						
			방						
			정						
			식						

9 10
11 12

상단 왼쪽

리	화		고	차	부	등	식		일	반	해
	씨				변					평	
	온			반	사	축		구	면	체	
속	도			다				각			
				무		리		형			황
열	의	★	극	한		꼴					금
				급							비
	합	성	함	수			평	균	변	화	율

상단 오른쪽

	미	분	방	정	식		번	분	수		
	터		접					수			
	법		원					공	식		
								집			
시	에	르	핀	스	키		합	계			경
컨							수	직	축		우
트					통						의
					가	분	수	역	원		★
	순	환	소	수				주	기	함	수
		거						율			
		법									

하단 왼쪽

					각	뿔				피	
표	평	면		전	개	도		탄	젠	트	
	행				곡						
근	선		수	평	선		삼	단	논	법	
					균		각		증		
반	올	림	값				연	비			
사							역	오	름	차	순
축							법	각			서
							원	형			쌍

하단 오른쪽

자	연	수		집	합					
	분				성					
지	수				수	직	선			
름					밀	육				
					리	면				
					그	체	적			
벤	다	이	어	그	램				분	석
	면				림					
	체				수					

17

	부	등	호					작	도		
		제	곱	근				수			
		법		의				분	모		
		방		★				포	절		
공		정		공	약	수		표	준	편	차
비	례	식		식							수

	독	립	사	건		
		분			외	
		원	의	★	중	심
					앙	
					값	

18

합	동		일		평	균				
	류		차	원		등	호			
	항	등	식				도			
	변				가	감	법			
						속				
내	장	함	수		순	서	도		꼬	
	축		형					인	수	분
	농	도		누			★			
				적			위			
레	오	나	르	도	★	다	빈	치		
	진		수				도			
허	수									

19

		곱	셈	기	호		분	수			
				수			열				
거	듭	제	곱	방	법		의				
			정				★				
			공	식			극	좌	표		
			준		극		한				
					무	한	대				
					게		실	수			
					중	앙	값		열	벡	터
					심						

20

가	분	수					여		
우				통	분		사		
스	칼	라		배	반	사	건		
	플	라	톤		법		인		
	라				칙				
	스	토	마	키	온		사	각	형
			름				칙		
			모				연		
음	수						산	수	
	직	각	기	둥				심	
	선		울						
			기						

21

쌍	둥	이	★	소	수			원		세
	산		마			등	주	★	문	제
	수		★	완		각				곱
기	하	학		큐	전					미
저				브	리	그	스	영	벡	터
함					래			역		
수				라	이	프	니	츠		

22

	단			내						
정	다	면	체		대	수	의	★	법	칙
비			중	심	각				선	
례										
	원	뿔	대				도	미	노	
			분	산	분	석				름
초	등	함	수							

23

연	립	방	정	식			효			
산		위				응	용	수	학	
자		각	기	둥		갈		함		
			준		마	루	함	수		
제			량			아				증
곱	하	기				군	비	례	부	분
근								정		
표	본	분	산					적		
								분		

24

평	면	도	형		번	호		직	관
균		박			분			측	정
사	분	위	수						언
의									★
★		스							논
파	스	칼				테	두	리	
산		라							
		곱			예				
			역	삼	각	함	수		

25 26 27 28

Puzzle 25 (top-left)

		시			매		
	초	월	수		개	구	간
중	심	선			변		접
허	근		주	파	수	증	가
수			산			명	
부	등	식			법	칙	
분							

Puzzle 26 (top-right)

											이
피	타	고	라	스	★	학	파		복	소	평
보		펙		인	수	정	리				계
나	선	트		트		규					
치		럼			분	수					
★			일	양	분	포					
수	메	르	인		변						

Puzzle 27 (bottom-left)

오	일	러	의	★	공	식			
			차			비			
			단			둘			
시	그	마	위	치	★	기	수	법	
에	틴		분			집			
르	★	수	계	수		★			
핀	가	중	치			원			실
스	드	해	집	합	푸	리	에	★	급	수
키	너	석							부
★		학							
삼									
각									
형									

Puzzle 28 (bottom-right)

	퍼	지	이	론				
		계		기	술	통	계	
		도		저		차	집	합
	곱	함	수	해	석	학		차
전	사	함	수				공	배
	건				서		등	식
	켈	레	복	소	수			

29

오	데	식	★	돔			
각							
기	각			술		검	
동		스	튜	어	트	★	정	리
	진		링				
유	클	리	드	★	기	하	학	베
의	표		계			이	
수				필	즈	상	
준	선			요			
				조			
				건			

30

			배	열	
		진	동	수	
	보	약	판		
삼	각	함	수	별	
		숫	법		
극	댓	값			경
		몬	테	카	를	로	법
내			테		
시			고	윷	값
평	균	값	★	정	리
형					

31

추							
정	이	십	면	체			
	웃		스		지	름	
	변	화	율		상	수	
		★		평		구	골
	곡	과		활	꼴	각	
평	면	방	정	식	법	뿔	
적							

32

			주				차	
		대	칭	축	비		부	분	집	합
		수			순	괄	호		합
단	위	방		변	환			
	상	정		소		원	소	
	수	식		난	수		인	
	학					양	수	
		등	비	급	수		분	
			감			해		

퍼즐 33 (왼쪽 위)

너			구				
비	비	아	니	의	★	정	리
		리	★				통
		스	겉	수		체	계
		타	넓	학			량
		르	이	중	적	분	
		코		★			벡
		스		구			터
			전	수	조	사	의
							★
		덧	수	불	확	실	성
			평				분
		엇	각	정	리		

퍼즐 34 (오른쪽 위)

코	흐	★	눈	송	이		이
					차		항
역	시	계	★	방	향	회	전
				정			개
절	대	부	등	식			
	칭						타
벡	터	의	★	크	기		원
	★						의
	중	괄	호				★
방	심	의					초
향		★			외	분	점
코		길			접		
사		이	차	원			
인							

33 34 35 36

퍼즐 35 (왼쪽 아래)

멩	거	★	스	폰	지			
	리				수		참	
		조	건	부	★	기	댓	값
				등				
		멱	등	식				
			급				켤	
		죄	수	의	★	딜	레	마
							각	
		배						
아	폴	로	니	우	스	의	★	원
		우	호					단
						다	면	각

퍼즐 36 (오른쪽 아래)

원	근	법					구
뿔				정	삼	각	형
곡					항		
선	형	미	분	방	정	식	
	지						
	수	직	★	점	근	선	
		교		의		형	
		좌		★	사	분	면
대	진	표		평		상	
				행			
				이			
				동	류	근	수

37

원	시	함	수			삼	각	자
행						수		볼
착			등	고	선			록
오	메	가			의			다
		산			★			각
	공	집	합		정	팔	각	형
	합				리		운	
							동	
		근			도	량	형	
		사			함			
		피	적	분	함	수		
		★						
		계						
		산						

38

패	턴				극	
리					솟	
티			최	댓	값	
★			단			약
검			경		모	수
사	이	클	로	이	드	
		라				
		인	자	분	석	
				수		
유	리	함	수			
효				열	호	
숫						
자						

37 38 / 39 40

39

	직	각	쌍	곡	선				
				선		셈	그	림	표
선		계	산	자					본
택		산					공		점
공	간	도	형				리		
리		표			변		적		
					량		★		
	진				통	제	집	단	
	리		좌	표	계		합		
	집						론		
결	합	법	칙						

40

큐	빗									
각				무		우				
기	함	수		한		순				
둥			감	소	수	열				
	시	계	산				카	토	그	램
	컨						디			
콤	팩	트	★	공	간		널			
	★		편	미	계	수				
	곡		셈							
포	물	선	면							

41

폴	리	큐	브			불	연	속	점	
란						완		성		
드				오		전				
주	기	함	수		차		합	성	사	상
법		반		의		★		관		
		행		★		정		도	형	
직	교	행	렬		한	붓	그	리	기	
원				계						
뿔										

42

복	비	례							
소									소
함		누		에			역	함	수
수	학	적	★	우	주	가	설		
		도		독		속			
		수		소		도	착	간	격
		분		스		벡			자
		포				터		원	점
		다	항	식					
반	사	각							
		형							

43

		대	풋	값		정	수
진	분	수				육	
폭		학				면	
						체	적
카	로	슈	티				
피				사	후	확	률
탈	레	스		항			
단	일	폐	곡	선			
순			면				
정	사	각	형				
건							

44

보	조	정	리		히	스	토	그	램
르							러		
당							스		
★			케		대				
곡			일	반	각				
선	택	공	리		선				
		고	유	벡	터				
		등							
		수	연	산					
		학		포					
		측	도	론					

41 42
43 44

45

			카	이	제	곱	검	정	
			오		곱				
		센	서	스	비	선	형	성	
		티							
펜	토	미	노		지	수	부	등	식
		터					호		
			가		베		화		
					다				
					수				
					학				
						중			
						복			
		필	요	충	분	조	건		
					각	합			

46

	페			수					
	아	담	★	리	즈				
	노			계					
	★			획					
	곡		가	법					
	선								
	엔			회			가	짓	수
	트			귀	무	가	설		
위	로	★	유	계			검		우
	피			수			정		도
									함
유	한	수	열		역	삼	각	함	수
추									

47

	파					칠		총
최	적	운	송	이	론	교	집	합
빈	드		중			놀		
값			귀		게	임	이	론
			류			의		
	등	치	법		합	성	수	
			자					
			연					
			킬	로	그	램		
			그			지		
						★		
	젠		가			이		
			수			론		

48

		점	그	래	프			
최	적	화		로	직	퍼	즐	
대		식		그				
공				램				
약		수			통			
수	직	평	면		계	차	수	열
		공						
		준	정	다	면	체		
		십						
		칠						
		삼	각	부	등	식		
		형						

49

사	다	리	꼴						미
	각				절				적
수	형	도	점		댓		선		분
	함		근	삿	값		대	수	학
	수	직	선				칭		
							도		
라	디	안					형		
오				수	막	대			
판	별	식		렴		변	수		
토							선		
매	스	매	티	카			의		
							★		
							발		

50

	올			완			무	연
내	림	차	순	전			리	수
			서	제	타	함	수	
정	의		도	곱				
팔				식	의	★	값	
면	적	반						
체		직	각	삼	각	형		
		선		진	법	베		
			정	사	영	르		
				차		누	적	도
				원		이		
밀	도					★		
	표	본	오	차		수		
			각					
			뿔					

부록

용어 해설

가비의 리

유리식을 풀 때 사용되는 가비의 리는 두 비가 같을 때 분자와 분모를 따로 더하여 얻은 비도 역시 이 비와 같다는 법칙이다. 그런데 '가비의 리'는 일본식 번역의 결과이며 대한수학회에서는 '가비의 이'로 권한다.

갈루아

불꽃처럼 살다가 간 천재 수학자. 1829년 순환연분수에 관한 논문을 《Annales de Gergonne》에 발표했고, 과학아카데미에 방정식론에 대한 논문을 제출했지만 심사위원이었던 오귀스탱 코시가 분실했다(폐기했다는 설도 있다). 1930년에는 방정식의 해법에 관한 논문을 과학아카데미에 제출했지만 이 논문의 심사를 맡았던 프리에의 사망으로 분실되었

갈루아.

다(그가 폐기했다는 설도 있다). 그후 갈루아는 프랑스 혁명군에 가담했다가 사범학교에서 퇴학당하고 연애 사건으로 결투 끝에 1932년 사망했다.

그는 군론으로 알려진 고등대수학 분야의 형성과 5차 이상의 방정식을 풀기 위한 해법을 제시했다.

구골

수학자 에드워드 캐스너(Edward
Kasner)가 여덟 살짜리 조카 밀
턴 시로타(Milton Sirotta)에게 1 다
음에 0이 100개 붙은 수(10^{100})에
이름을 붙이도록 해 나온 이름이
구골이다. 1940년, 캐스너는 제
임스 뉴먼과 함께 쓴《수학과 상
상(Mathematics and the Imagination)》
이라는 책에서 '구골'을 소개했
다. 구골은 매우 큰 수로, 나타낼
수 있는 것이 거의 없다.

에드워드 캐스너.

구골플렉스(googolplex)는 다른 수학자에 의해 $10^{구골} = 10^{10^{100}}$으로 정
의되었다. 구골플렉스로 표현되는 수는 컴퓨터 데이터 처리능력
이 2년 내에 지금보다 두 배가 된다 해도 인쇄할 수 없으며 앞으로
500년은 더 걸릴 것으로 추측되고 있다.

구장산술

중국의 고대 수학서 중 하나이며 동양에서 가장 오래된 수학책으
로 꼽는다. 한나라 시대 무덤에서 발굴된 구장산술은 죽간에 쓰여
있으며 저자와 저작연대는 확실하지 않다. 총 9개의 장으로 구성된
구장산술의 내용은 다음과 같다.

1) 방전(方田) 38문제 : 여러 형태의 토지의 넓이를 구하는 법

2) 속미(粟米) 46문제: 속미(조)를 기준으로 곡물과 그와 관계된 것
   들의 교환 문제

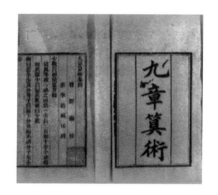

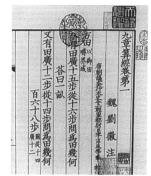

3) 쇠분(衰分) 20문제: 비례배분의 문제

4) 소광(小廣) 24문제: 여러 형태의 토지의 넓이로부터 변이나 지름의 길이를 구하는 방법

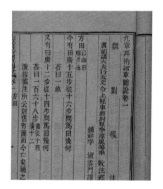

5) 상공(商工) 28문제: 토목공사에 관계된 입체의 부피 구하는 법이나 인부의 수 계산 방법

6) 균수(均輸) 28문제: 조세를 거두는 과정에서 발생하는 여러 문제 해결 방법

7) 영부족(盈不足) 20문제: 과부족에 대한 문제

8) 방정(方程) 18문제: 연립일차방정식 문제

9) 구고(句股) 24문제: 직각삼각형에 대한 문제

네이피어

스코틀랜드의 수학자 네이피어는 1614년 〈경이로운 로그 법칙의 기술〉에서 등비수열과 등차수열의 연결 원리를 다루면서 로그를 제안했다. 그와 브리그스가 개발한 밑이 10인 로그는 상용로그로 불린다. 그는 사칙연산이 가능한 네이피어 막대도 발명했다. 무기개발자이기도 했던 네이피어는 당시 스코틀랜드의 왕이었던 제임스 4세에게 초기 형태의 탱크 제작을 제안하기도 했다.

네이피어.

데데킨트

독일의 수학자. 저서로는 해석학의 발전에 큰 영향을 준 《연속과 무리수》가 있다. 실수론에서 사용하는 용어인 '데데킨트의 실수'는 실수의 상등·대소·사칙연산을 절단개념을 이용해 정의하여 해석학의 기반 구축에 크게 공헌했다.

데데킨트.

도박사의 파산

1656년 블레즈 파스칼이 피에르 드 페르마에게 쓴 편지에서 최초로 등장한 도박사의 파산 문제는 같은 해 피에르 드 카르카비가 크리스티안 하위헌스에게 보낸 편지에서 다음과 같이 소개된다.

파스칼.

갑과 을이 세 개의 주사위를 가지고 노름을 했을 때 갑은 세 주사위의 합이 11인 경우 1점을 얻고, 을은 합이 14인 경우 1점을 얻는다. 이때 자신이 이겨도 상대방의 점수가 0인 경우에만 자신의 점수가 1점 증가하고, 만약 상대방의 점수가 양수라면 상대방의 점수가 1점 감소하게 된다. 이 경우 갑과 을은 서로 짝을 이루어 서로를 상쇄하여, 지고 있는 쪽은 항상 점수가 0이게 된다. 이 노름에서는 먼저 12점이 되는 사람이 승리한다. 갑과 을이 이길 확률은 각각 얼마일까?

페르마.

하위헌스는 저서 《주사위 놀이에서의 논리(1657년)》에서 이 문제의 답을 다음과 같이 내놓았다.
각각 이길 확률의 비는 244,140,625 : 282,429,536,481이다.

하위헌스.

도수분포다각형

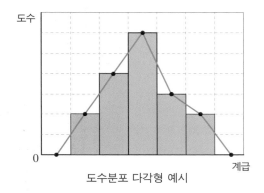

도수분포 다각형 예시

등변사다리꼴

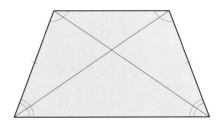

등변사다리꼴 예시

라마누잔

인도 출신 수학자 라마누잔은
정수론, 분할 이론, 연분수 이론
에 공헌을 한 천재수학자이다.
독학으로 수학을 공부해 기본적
인 연구 과정을 기술하는데 서
툴렀던 그는 증명 없이 노트에
기록했다. 이 때문에 사후 다른
수학자들이 그의 이론을 증명하
기 위해 많은 시행착오를 거쳐
야만 했다. 하지만 이 과정에서
새로운 수학적 연구들이 발견되

라마누잔.

기도 했다. 라마누잔의 자연수의 총합 정리는 중요한 업적으로 꼽
히며 1729 택시수도 유명하다.

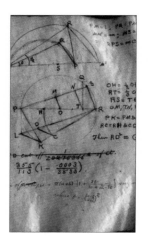

라마누잔의 연구 노트 중 일부.

라이프니츠

독일 계몽철학의 시작을 알린 인물. 객관적 관념론자이며 독일 고전철학의 변증법의 토대를 마련한 인물로도 평가받고 있다. 뉴턴과는 별도로 미적분학의 방법을 창안한 수학자이기도 하다.

라이프니츠.

레오나르도 다빈치

이탈리아의 천재 예술가. 예술가로서의 재능도 넘쳐났지만 수학, 과학, 건축 등 다방면에 뛰어난 업적을 남겼다. 모나리자와 최후의 만찬으로 널리 알려져 있다.

레오나르도 다빈치.

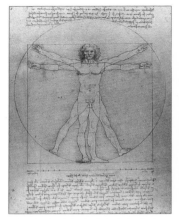

황금율이 적용된 다빈치의 인체도.　　모나리자.

레온하르트 오일러

레온하르트 오일러가 도전했던 증명으로, 러시아의 쾨니히스베르크의 7개의 다리를 한 번씩만 거쳐 모두 지날 수 있는지에 관한 문제이다. 이를 해결하기 위해 연구했던 오일러는 한붓그리기의 규칙을 발견했다.

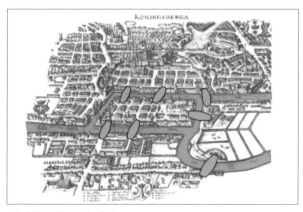

쾨니히스베르크의 다리.

마틴 가드너

미국의 수학자이자 과학 저술가. 과학저널 〈사이언티픽 아메리칸〉
에 25년 동안 '수학 게임(Mathematical Games)'을 연재했으며 일반인
들도 쉽게 이해할 수 있는 유희 수학으로 수학의 대중화에 큰 공헌
을 했다. 가드너는 수학과 과학뿐 아니라 유사과학 비판, 종교, 철
학, 문학 등 다양한 분야의 저서를 무려 70여 권이나 남겼다.

고교생 시절의 마틴 가
드너.

마틴 가드너의 수학 게임이 실렸던 〈사
이언티픽 아메리칸〉.

메르센 소수

메르센 초상화.

현재 미국의 전기공학도 출신 조나단 페이스가 2017년 12월에 50번째 메르센 소수를 발견했으며 23,249,425개에 달하는 어마어마한 숫자로, $2^{77232917}-1$이다. 이는 대략 3900페이지 분량에 기록될 정도로 엄청난 양을 자랑한다.

메르센 소수는 보안이 중요한 현대 사회에서는 해킹과 개인정보 유출의 위험을 줄이기 위해 중요하게 여겨지고 있다.

메르센 소수	발견된 연도	메르센 소수	발견된 연도	메르센 소수	발견된 연도
2	–	1,279	1952	110,503	1988
3	–	2,203	1952	132,049	1983
5	–	2,281	1952	216,091	1985
7	–	3,217	1957	756,839	1992
13	1456	4,253	1961	859,433	1994
17	1588	4,423	1961	1,257,787	1996
19	1588	9,689	1963	1,398,269	1996
31	1772	9,941	1963	2,976,221	1997
61	1883	11,213	1963	3,021,377	1998
89	1911	19,937	1971	6,972,593	1999
107	1914	21,701	1978	13,466,917*	2001
127	1876	23,209	1979	20,996,011*	2003
521	1952	44,497	1979	⋮	⋮
607	1952	86,243	1982	$2^{77232917}-1$	2017

메타수학

힐베르트.

공리에서 정리가 어떻게 도출되는지를 이해하는 과정에서 일반적이고 추상적인 방법으로 수학적 추론을 연구하는 분야이다. 이 때문에 '증명론'이라고도 부른다. 논리학에서는 수학적 기호의 조합과 적용을 연구할 때 메타수학을 이용하며 이를 메타논리학이라고 부른다. 메타수학은 특별한 수학 이론을 연구하는 것이 아니라 수학적 이론의 논리적 구조 그 자체를 연구하며 힐베르트가 처음 제안했다.

베르누이 가문

17~18세기에 뛰어난 수학자들을 배출한 베르누이 가문은 스위스 바젤의 상인 집안이었다. 자크 베르누이와 요한 베르누이 형제 그리고 장의 아들인 다니엘 베르누이가 그중에서도 특히 유명하다. 이들은 미적분을 사용해 구르는 돌이 가장 빠른 속도로 바닥에 도달하도록 하는 곡선의 접선의 기울기를 계산하고 오일러의 수의 근삿값을 찾아냈으며 베르누이의 원리를 발견했다. 또한 적분이란 용어를 처음으로 사용했으며 통계학의 발전에도 영향을 주었다.
자크 베르누이는 대수의 법칙으로 유명하다. 장 베르누이는 변분법의 창시자이기도 하다. 다니엘 베르누이는 《유체역학》을 출판한 최초의 수리물리학자이다.

수학 명문가 베르누이 일가의 가계도

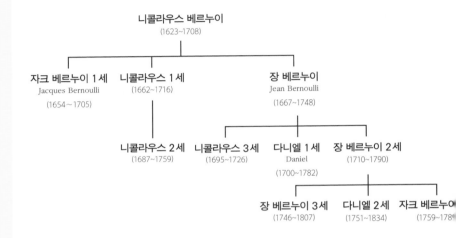

니콜라우스 베르누이
(1623~1708)

자크 베르누이 1세
Jacques Bernoulli
(1654~1705)

니콜라우스 1세
(1662~1716)

장 베르누이
Jean Bernoulli
(1667~1748)

니콜라우스 2세
(1687~1759)

니콜라우스 3세
(1695~1726)

다니엘 1세
Daniel
(1700~1782)

장 베르누이 2세
(1710~1790)

장 베르누이 3세
(1746~1807)

다니엘 2세
(1751~1834)

자크 베르누이
(1759~178

벤다이어그램

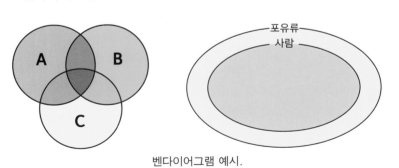

A   B   C

포유류
사람

벤다이어그램 예시.

부등변삼각형

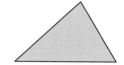

부등변삼각형의 예시

브리그스

영국의 수학자이자 천문학자. 네이피
어가 로그를 발견하자 그 중요성을
깨달은 브리그스는 네이피어를 찾아
가 같이 연구했다. 상용로그는 천문
학 계산에 큰 역할을 했으며 이로 인
해 '브리그스 로그수'라고도 한다.

브리그스.

비비아니

이탈리아의 물리학자이자 수학자. 갈
릴레이의 제자였던 그는 실명한 스승의 연
구를 도왔고 갈릴레이가 사망하자 갈릴
레이의 연구 결과를 정리해 후세에 남
겼다. 근대 자연과학의 기초 성립에
공헌했으며 토리첼리가 고안한 수은
주를 이용해 대기의 압력 측정 방법
을 찾아냈고 원뿔곡선에 대해서도 연

비비아니.

구했다.

소마 큐브

1933년 피에트 하인이 베르너 하인즈베르그의 양자 역학 강의 도중 개발한 3차원 퍼즐. 3개 또는 4개의 정육면체로 구성된 7개의 조각으로 3×3×3 정육면체를 비롯한 많은 기하학적 모양들을 만들 수 있다. 반사, 회전을 무시하고 만든다면 240여 가지 모양들이 나온다고 한다.

스토마키온

가장 오래된 분할 퍼즐로 알려져 있다. 고대 그리스의 수학자이자 물리학자인 아르키메데스가 기하학과 도형을 활용해 만들었다. 14개의 조각만으로 536가지 형태를 만들 수 있다.

2003년 퍼즐 전문가 빌 커틀러는 17,152가지 형태를 만들 수 있음을 컴퓨터 프로그램으로 증명한 바 있다.

스토마키온. 14개의 조각으로 이루어져 있다.

도메니코 페티가 그린 아르키메데스의 초상화.

스펙트럼

시에르핀스키

폴란드의 수학자로 집합론과 수론 및 위상수학에 공헌했다. 시에르핀스키 삼각형은 프렉탈의 예 중 대표적인 것이다.

오른쪽은 시에르핀스키 삼각형의 모습을 나타낸 것이다.
시에르핀스키 삼각형은 다음과 같은 과정을 거쳐 만들어진다.

시에르핀스키 삼각형.

1) 하나의 정삼각형을 만든다.

2) 정삼각형의 세 변의 중점을 이으면 정삼각형 안에 작은 정삼각형이 만들어진다. 중앙에 위치한 정삼각형을 제거한다.

3) 남은 정삼각형 세 개에 2와 같은 방법으로 새로운 정삼각형을 만든 후 새로 만들어진 정삼각형들 중 중앙의 정삼각형을 제거하는 방식으로 이를 무한히 반복하면 위와 같은 형태의 시에르핀스키 삼각형이 만들어진다.

시에르핀스키.

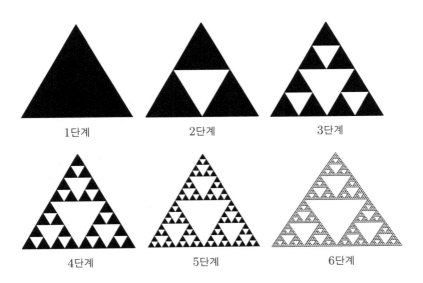

1단계   2단계   3단계

4단계   5단계   6단계

아리스타르코스

기원전 290년경의 천문학자이자 수학자. 기하학적 방법을 이용해 달과 태양까지의 거리를 계산했고 지동설을 주장했다. 그가 계산한 지구에서 태양까지의 거리는 지구에서 달까지의 거리의

아리스타르코스의 지동설.

20배(실제로는 390배 정도)였는데 당시 정교한 측정도구가 없었던 것을

감안하면 놀라운 계산이다. 그는 지동설을 주장해 천동설을 주장하던 아리스토텔레스파와 갈등을 빚었다.

앨런 튜링

영국의 천재 수학자. 그가 제안한 튜링기계는 테이프를 좌우로 1번씩 움직일 때마다 표시된 기호를 읽게 되어 있다. 이 기계는 제2차 세계대전에서 암호기계 애니그마를 사용해 독일의 암호 메시지를 해독하는 데 이용되었다. 학계에서는 튜링기계의 발명을 컴퓨터 시대의 시작으로 보고 있다.

앨런 튜링.

튜링기계. ⓒ cc-by-sa-3.0; Raynaudmarc

종모양 분포

프랑스 출신의 영국 수학자인 드무아브르는 삼각법에 관한 기본정리인 '드무아브르의 정리'와 정규확률곡선의 발견이 주요업적으로 꼽힌다. 종 모양 분포도 드무아브르의 연구에서 발견되었다.

종모양 분포의 예

지오데식 돔

지오데식 돔의 형태로 지은 건물.

카디널수

집합론에서 사용되는 기본 개념 중 하나로, 계량수, 계산수, 계수라고도 부르며 자연수 개념의 확장이다.

칸토어

칸토어가 무한에 대한 연구를 발표하면서 그 전까지 유한의 경우만 다루고 있던 수학의 금기가 깨지게 된다.

초월적 수로만 여겨지던 무한에 대해 연구한 칸토어는 일대일대응을 통해 무한을 세려고 했고 그의 이러한 연구는 29세(1894)에 '무한의 수학'인 집합론으로 세상에 소개되었다. 하지만 무한을 셀 수도 있고, 크기도 비교할 수 있다는 그의 연구는 유한의 세계만을 인정

칸토어.

하던 학계의 비난에 부딪치면서 그는 정신과 치료를 받게 되었다. 정신병원에서 쓸쓸하게 생을 마감한 그의 업적은 이후 20세기 수학에 엄청난 영향을 주면서 현재에 이르고 있다.

코페르니쿠스

당시 정설로 받아들이던 천동설을 부정하고 지동설을 주장했던 코페르니쿠스의 발표는 440년이 지난 뒤에야 로마 가톨릭에서 공식적으로 인정받았지만 '코페르니쿠스적 전환'이란 말이 생길 정도로 엄청난 내용이었다. 그런데 사실 지구가 자전하면서 태양 주위를 돌고 있다는 지동설을 주장한 것은 코페르니쿠스가 처음이 아니었

다. 기원전 5세기 피타고라스 학파의 필롤라오스, 기원전 3세기 헬레니즘 시대의 천문학자 아리스타르코스도 지구가 움직이고 있다고 주장했다.

코페르니쿠스.

토리첼리

17세기 이탈리아의 수학자이자 물리학자로 진공 실험으로 유명하다. 수은 기압계를 발명했으며 코페르니쿠스의 가설을 지지했다.

토리첼리.

포아송 분포

잘 발생하지 않는 사건들이 실제로 일어날 확률을 계산하는 방식을 포아송 분포라고 한다. 불량률이 낮은 제품의 품질검사에 주로 쓰는 통계적 기법으로, 통계에서 많이 쓰인다.

내가 복권 1등에 20번 당첨될 확률이나 길을 가다가 유성을 맞을 확률처럼 일어날 거라고 믿기 힘든 비상식적인 사건을 다룰 때도 포아송 분포가 이용된다.

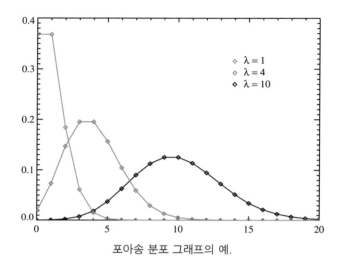

포아송 분포 그래프의 예.

폴리큐브

정육면체들을 면끼리 이어 만든 큐브이다. 정육면체를 몇 개 이어
붙였느냐에 따라서 이름이 다르다. 1개는 모노큐브, 2개는 디큐브,
3개는 트리큐브, 4개는 테트라큐브, 5개는 펜타큐브, 6개는 헥사
큐브라고 부른다. 또 정육면체 3~4개를 이어 붙여 만든 7개의 조
각을 소마큐브라고 한다.
도형에 대한 이해도를 높이고 창의적 사고력을 키우기 위해 많이
사용되고 있다.

펜타큐브의 다양한 형태.

푸리에 급수

프랑스의 수학자이자 물리학자인 조제
프 프리에는 임의의 주기함수를 그 함
수의 전개식으로 나타내는 방법을 개
발했다. 주기함수를 sin과 cos으로 표

푸리에.

현하는 이것이 바로 프리에 급수로, 삼각함수의 합으로 표현하는 특별한 무한급수이다. 푸리에 급수는 응용함수에서 많이 사용하고 있으며 공학과 물리학뿐만 아니라 통신신호의 파형처럼 보이는 주기함수를 나타낼 때도 활용된다.

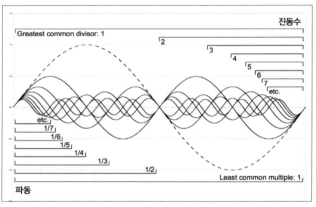

푸리에 급수 이미지 예.

프톨레마이오스

고대 그리스의 천문학자이자 수학자. 천동설을 주장했으며 그의 저서 《알마게스트》는 르네상스 시대 전까지 서양의 우주관, 종교관, 세계관을 지배했다.

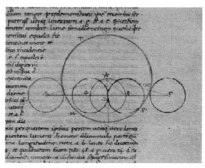

알마게스트 본문 중에서.

프톨레마이오스가 묘사한 세계지도. 인도양과 중국도 찾아볼 수 있다.

플라톤

그리스의 철학자이자 수학자. 소크라테스의 제자이자 아리스토텔레스의 스승. 객관적 관념론의 창시자이며 이데아론을 제안했다.

플라톤은 스승 소크라테스의 사상뿐만 아니라 고대 자연철학, 엘레아학파, 피타고라스학파, 소피스트에 이르기까지 다양한 철학적 요소들을 포함해 발전시켜서 고대 그리스 철학의 정점이라

아테네 학회에서 아르키메데스(우)와 대화중인 플라톤(좌).

는 평을 듣는다. 또한 이데아론을 비롯한 플라톤의 철학은 중세 기독교 철학 및 근현대 사상에 많은 영향을 주었다.

피보나치 수

중세 이탈리아의 수학자로, 피사의 레오나르도라고도 부른다. 이 이름의 유래는 그의 저서 《산반서》에 기록되어 있다.

피보나치.

계산에 관한 책인 《산반서》는 인도 아라비아 숫자와 그 숫자의 사용법을 유럽에 대중화시켰으며 산반서 제3부에는 피보나치의 가장 유명한 문제가 소개되어 있다.

어떤 남자가 토끼 한 쌍을 키우기 시작했다. 토끼는 두 번째 달부터 매달 새끼 토끼를 한 쌍씩 낳는다고 했을 때 1년 동안 총 몇 쌍의 토끼가 태어날까?

이에 대한 피보나치의 답이 피보나치의 수열이다. 그런데 사실 피보나치가 이 문제를 다루기 전부터 이미 수백 년 전 인도에서는 이런 문제가 알려져 있었다.

수학, 과학뿐만 아니라 자연에서 찾아볼 수 있는 피보나치수열은 1, 1, 2, 3. 5, 8, 13, 21, 34, 55, 89, 144, 233, 377, … 등이 있다.

$$1+1=2$$
$$2+1=3$$
$$3+2=5$$
$$5+3=8$$
$$8+5=13$$
$$13+8=21$$
$$21+13=34$$
$$34+21=55$$
$$55+34=89$$
$$89+55=144$$
$$144+89=233$$
$$233+144=377$$
$$\vdots$$

하노이 탑

1883년 프랑스의 수학자 루카
스가 《수학유희》에 발표한 퍼
즐이다.
그가 발표한 하노이의 탑 내용
은 다음과 같다.

인도 베나레스에는 세상의 중
심을 나타내는 큰 돔을 가진 사
원이 있다.
큰 돔 안에 있는 동판 위에는 1
큐빗 높이에 벌의 몸통만한 굵

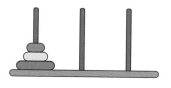

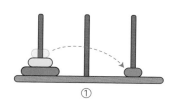

①

기의 세 개의 다이아몬드 바늘
이 세워져 있다. 세 개의 바늘
중 하나에는 신이 64개의 순금
원판을 가장 큰 원판 순서대로
바닥부터 차례차례 끼워 놓았
다. 이는 신성한 브라흐마의 탑
으로, 승려들은 브라흐마의 지
시에 따라 모든 원판을 다른 기
둥으로 하나씩 옮기고 있다

이때 원판은 규칙에 따라 옮겨
야 하며 규칙을 지키며 세 개의
기둥에 원판을 모두 옮기면 탑
은 무너지고 세상에는 종말이
찾아온다.

그렇다면 브라흐마의 지시에
따라 원판을 옮겼을 때 과연 몇
번만에 모두 옮길 수 있을까?
과연 세상의 종말은 언제 올
까?가 하노이 탑의 문제이다.

하노이 탑의 규칙은 다음과 같
다. 여러분도 한번 도전해보길
바란다.

1) 한 번에 하나의 원판만 옮길
   수 있다.

2) 큰 원판이 작은 원판 위에

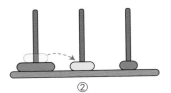

②

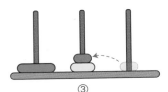

③

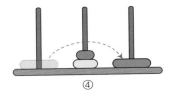

④

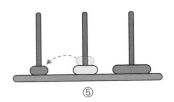

⑤

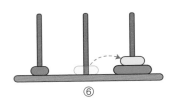

⑥

있으면 안 된다.

하노이 탑은 메르센 소수를 구
하는 문제로 프로그래밍 수업
에서 알고리즘 예제로도 많이
이용된다

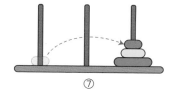

⑦

홍대용

조선 영조 때 홍대용이 지은 수학책이 《주해수용》이다. 가감승제,
다원연립일차방정식, 삼각법 등의 계산수단과 각 단위 사이의 관계
와 비례상수 및 넓이, 부피에 관한 공식들이 실려 있다. 또한 한자
로 표현된 구구단도 기록되어 있다.

참고 문헌

BIG QUESTIONS 수학 조엘 레비 저, 오혜정 역, 지브레인, 2016년 01월

SSAT · SAT 수학용어사전 김선주 저, 이지북

누구나 수학 위르겐 브뤽 저, 정인회 · 오혜정 역, 지브레인

수학 수식 미술관   박구연 저, 지브레인

한 권으로 끝내는 수학 패트리샤 반스 스바니 · 토머스 E. 스바니 공저, 오혜정 역, 지브레인

학습용어 개념사전 이영규 외 4인 저, (주)북이십일 아울북

사이트

대한수학회 www.kms.or.kr

두산백과 www.doopedia.co.kr